図解まるわかり

アルゴリズムのしくみ

Algorithm

増井敏克【著】

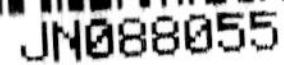

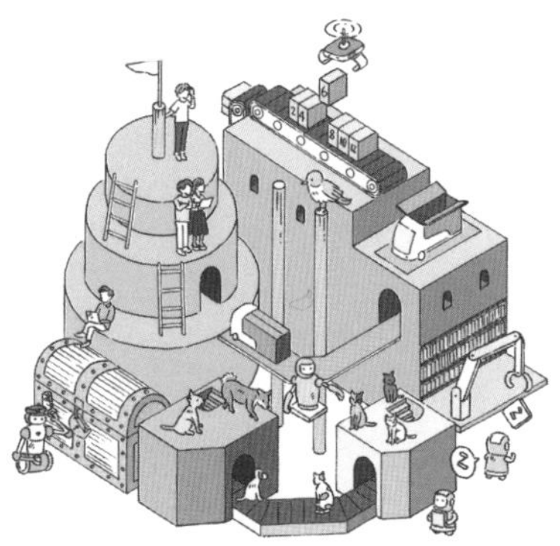

SE SHOEISHA

本書内容に関するお問い合わせについて

このたびは翔泳社の書籍をお買い上げいただき、誠にありがとうございます。弊社では、読者の皆様からのお問い合わせに適切に対応させていただくため、以下のガイドラインへのご協力をお願い致しております。下記項目をお読みいただき、手順に従ってお問い合わせください。

●ご質問される前に

弊社Webサイトの「正誤表」をご参照ください。これまでに判明した正誤や追加情報を掲載しています。

正誤表　https://www.shoeisha.co.jp/book/errata/

●ご質問方法

弊社Webサイトの「刊行物Q&A」をご利用ください。

刊行物Q&A　https://www.shoeisha.co.jp/book/qa/

インターネットをご利用でない場合は、FAXまたは郵便にて、下記“翔泳社 愛読者サービスセンター”までお問い合わせください。
電話でのご質問は、お受けしておりません。

●回答について

回答は、ご質問いただいた手段によってご返事申し上げます。ご質問の内容によっては、回答に数日ないしはそれ以上の期間を要する場合があります。

●ご質問に際してのご注意

本書の対象を越えるもの、記述個所を特定されないもの、また読者固有の環境に起因するご質問等にはお答えできませんので、予めご了承ください。

●郵便物送付先およびFAX番号

送付先住所　〒160-0006　東京都新宿区舟町5
FAX番号　03-5362-3818
宛先　（株）翔泳社 愛読者サービスセンター

はじめに

「アルゴリズム」という言葉を聞くと、プログラミングについての専門知識が必要で、どうしてもハードルが高いものだと感じる人が多いでしょう。しかし、アルゴリズムはあくまでも計算の「手順」のことであり、コンピュータやプログラミング言語は必須ではありません。

アルゴリズムを勉強する目的は「新しいアルゴリズムを考える」ことではなく、既存のアルゴリズムの特徴を知り、「それぞれにあった場面で使い分けられるようになる」ことです。

実際に動かすときにはプログラムを作成し、コンピュータに実行させることが必要ですが、そこに使われている工夫を知るだけであれば、机上で手を動かして理解できるものもたくさんあるのです。

最近では便利なライブラリが登場していて、プログラマがゼロからアルゴリズムを実装することはほとんどありません。このライブラリにはこれまでの先人が編み出した工夫が詰まっており、世の中で使われているソフトウェアにはその技術が使われています。

大切なのは、どのような場面でどのアルゴリズムが有効なのかを知っておくことです。例えば、ある目的地までの電車での経路を調べるサービスや、カーナビのようなソフトウェアには、この本で紹介するアルゴリズムがいくつも使われています。また、企業の中で使うシステムでも、データの並べ替えや検索といった技術は誰もが使っているでしょう。代表的な手法を知っておくことで、自分でゼロから実装することを防げるだけでなく、ライブラリではできない複雑な処理も、少しの工夫で高速な処理を実現できるかもしれません。

本書では、一般的なアルゴリズムの教科書に掲載されている題材だけでなく、機械学習や暗号などに使われているアルゴリズムについても紹介しています。さらに詳しいことを学びたいと思った人は、ぜひそれぞれの分野の専門書を読んでいただければ幸いです。

2021年12月　増井　敏克

目次

第2章 データの保管のしかた ～それぞれの構造と特徴～

第3章 データを並べ替える ～規則に沿って数字を整列させる～ 87

第4章 データを探す ～目的の値を速く探し出すには？～ 117

第6章 その他のアルゴリズム ～高度に活用される応用事例～

会員特典について

本書では、アルゴリズムの基本について解説しています。「アルゴリズムをもっと深く知りたい」「さらにスキルアップしたい」と思った方には、『プログラマを育てる脳トレパズル』がおすすめです。試し読み用の抜粋PDFを読者特典として、提供いたします。下記の方法で入手し、ぜひこちらも読んでみてください。

会員特典の入手方法

❶以下のWebサイトにアクセスしてください。
URL https://www.shoeisha.co.jp/book/present/9784798171609
❷画面に従って必要事項を入力してください（無料の会員登録が必要です）。
❸表示されるリンクをクリックし、ダウンロードしてください。

※会員特典データのダウンロードには、SHOEISHA iD（翔泳社が運営する無料の会員制度）への会員登録が必要です。詳しくは、Webサイトをご覧ください。

※会員特典データに関する権利は著者および株式会社翔泳社が所有しています。許可なく配布したり、Webサイトに転載したりすることはできません。

※会員特典データの提供は予告なく終了することがあります。予めご了承ください。

第1章

アルゴリズムの基本

~アルゴリズムの役割とは何か?~

速く正確な計算の手順

ソフトウェアの範囲

私たちがコンピュータを扱うとき、キーボードやマウス、CPUやハードディスクなどのハードウェアがあるだけでは何もできません。このハードウェアを使うソフトウェアが必要です。

ソフトウェアには、OS（基本ソフトウェア）とアプリケーションソフト（応用ソフトウェア）があります。これらには、**処理を行うプログラムだけでなく、プログラムが扱うデータやプログラムの使い方などが書かれたマニュアルも含まれます**（図1-1）。

プログラム作成の流れ

プログラミングはプログラムを作成することを指し、システム開発やソフトウェア開発と呼ばれることもあります。そして、プログラムを作成するといっても、その範囲として図1-2のような開発工程全体を指すこともあれば、その中の実装という工程のみを指すこともあります。

要件定義の工程では開発する内容を決め、設計の工程ではどのように作るかを決めます。実装とはソースコードを作成することで、コーディングと呼ぶこともあります。開発されたプログラムは正しく動作するかテストされ、問題なければ利用が始まり、運用や保守といった工程に進みます。

そもそもアルゴリズムとは?

プログラムは、**ソースコードの書き方によって処理にかかる時間が変わります**。私たちの身の回りにある問題でも、同じ答えが得られる複数の解き方があるように、プログラムでもさまざまな書き方があるのです（図1-3）。この手順や計算方法をアルゴリズムといいます。このとき、効率のよい方法を使えば、処理時間を大幅に短縮できるため、開発者はいくつかの候補の中から、よい方法を選ばなければなりません。

図1-1 ソフトウェアの種類

図1-2 開発工程

要件定義	設計	実装	テスト	運用・保守
何を作るかを決める	どう作るかを決める	実際に作る	正しく動くか確認する	必要に応じて修正する

図1-3 問題の解き方は複数ある

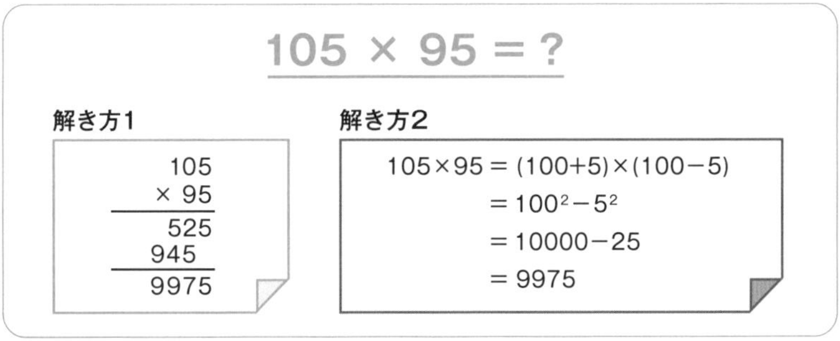

$$105 \times 95 = ?$$

解き方1

```
  105
×  95
-----
  525
 945
-----
 9975
```

解き方2

$$\begin{aligned}105 \times 95 &= (100+5) \times (100-5)\\ &= 100^2 - 5^2\\ &= 10000 - 25\\ &= 9975\end{aligned}$$

Point

- プログラムはソフトウェアの一部であり、このプログラムを作ることをプログラミングという
- プログラムはソースコードの書き方によって処理にかかる時間が変わるため、プログラマは効率のよい方法を選ばなければならない

» データを扱いやすくする

扱いやすいファイルは人と機械で異なる

私たちがデータを扱うとき、一般的にファイルを使います。ファイルには大きく分けてテキストファイルとバイナリファイルがあります（図1-4）。

テキストファイルは**文字を表すデータだけで構成されたファイル**のことです。「メモ帳」のようなソフトウェアで開くと文字として表示されるため、人間にとっては読みやすいものです。

一方のバイナリファイルは、**テキストファイル以外のファイルで、画像や音楽など**が該当します。人間ではなく専用のソフトウェアが読み込むことが想定されていて、文字に変換することは想定されていません。

コンピュータが扱うデータの種類

ソフトウェアでの処理を考えると、ファイルの内容が持つ意味をファイルに書いておく必要があります。バイナリファイルではプログラムが処理しやすい形で保存できますが、テキストファイルは人によって自由な書き方ができ、項目を決められません。

例えば、単純な文章が並んだメモや日記では、どこに何が書かれているのかわからないため、検索するにはすべてを探して、中身を判断しなければいけません。こういったデータを非構造化データといいます（図1-5）。

しかし、住所録などのCSVファイルであれば、名前や住所など項目が明確です。最近では、HTMLファイルもタグを意識して作成されることが増えており、このようにコンピュータが扱いやすいデータを構造化データといいます。

これはファイルだけでなくプログラムの内部でも同じで、うまくデータを保持することで、**効率よく探索できたり、追加や削除を高速に実行できたりする**のです。このため、プログラムを作成するときにはアルゴリズムと合わせてデータ構造を考えることが求められます。

図1-4　**テキストファイルとバイナリファイル**

テキストファイル	バイナリファイル
・文章（txt、rtf）	・画像（bmp、png、jpeg、…）
・HTML、CSS	・音声（mp3、wma、…）
・CSV	・動画（mov、mp4、…）
・JSON	・PDF
・XML	・圧縮形式（zip、lzh、…）
・…	・…

図1-5　**構造化データと非構造化データ**

非構造化データ

今日は○○くんと××に行きました。
朝からいい天気で楽しかったです。
また機会があったら行きたいです。

文章なので、どこに名前があって、どこに場所があるのか、などがわからない

音声や映像、画像では検索できない

構造化データ

氏名	郵便番号	住所	電話番号
鈴木太郎	112-0004	東京都文京区○○	090-1111-2222
山田次郎	105-0011	東京都港区○○	090-2222-3333
佐藤三郎	110-8711	東京都台東区○○	090-3333-4444
田中花子	160-0014	東京都新宿区○○	090-4444-5555

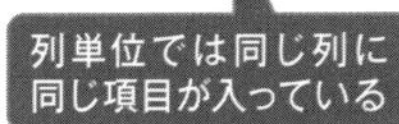

タグを見れば中身がわかる

```
<html>
  <head>
    <title>○○</title>
  </head>
  <body>
    <header>
      <nav></nav>
    </header>
    <section>
      <h1>見出し</h1>
      <article>
        記事の内容
      </article>
    </section>
    <footer>
    </footer>
  </body>
</html>
```

Point

- 非構造化データは、コンピュータでの検索などに向いていない
- 構造化データのように、データの構造を意識することで高速に処理できる
- プログラムの内部でも、高速に処理するためにはアルゴリズムだけでなくデータ構造も重要になる

よいプログラムとは何か?

人がコンピュータに求めるもの

私たちがソフトウェアを使うとき、「よい」と感じる基準は人によって異なります。見た目のデザインが好みで操作がわかりやすい、というのも1つの基準でしょうし、初心者であればマニュアルが整理されていることが大事かもしれません（図1-6）。

これらの基準ももちろん重要ですが、**そのソフトウェアを使い慣れてきたときに感じるのは、「効率よく処理できるか」という視点**です。どれだけデザインが綺麗でも、入力してから反応があるまでに時間がかかるのであれば長く使っていられないでしょう。また、どれだけ画面上の反応が早くても、ちょっとした処理をするだけで大量のデータが発生して、すぐにディスク容量があふれてしまうのでは仕事になりません。

どれだけCPUが高速になり、メモリやハードディスクなどの容量が増えても、それをうまく使う**効率性**が求められるのです。

処理にかかる時間と、使用する容量で考える

効率のよいプログラムといっても、その処理内容によってかかる時間は変わってきます。複雑な計算が必要であれば、その処理に時間がかかるのはしかたがありません。

効率のよさを時間で考える場合は、**データが増えたときに処理時間がどの程度増えるのか**を考えます。処理するデータ量が多くても、あまり処理時間が増えないアルゴリズムは「よいアルゴリズム」だと考えられます。

ただし、処理時間だけでは判断できません。例えば、複雑な計算を実行して処理に時間がかかるときは、先に計算した結果を全部保存しておく方法があります。この場合は計算するのではなく、保存してある中から検索するだけなので高速に処理できますが、それを保存しておく場所が必要です。このため、メモリやディスクの使用量なども考える必要があります（図1-7）。

図1-6　使いやすさの指標（ニールセンによるユーザビリティの定義）

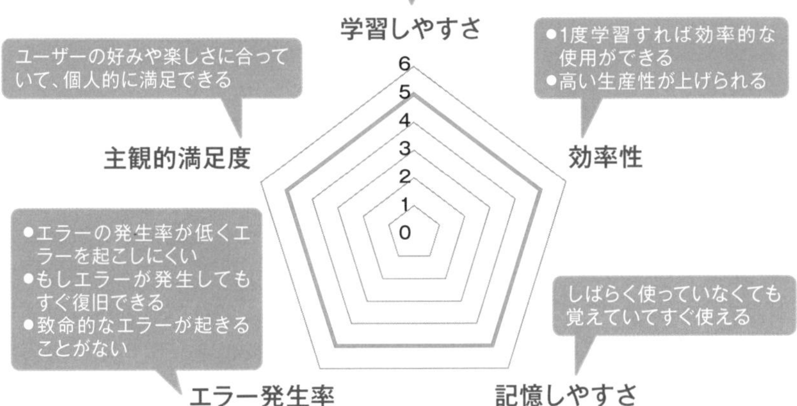

図1-7　処理にかかる時間と、使用する容量の両方を考える

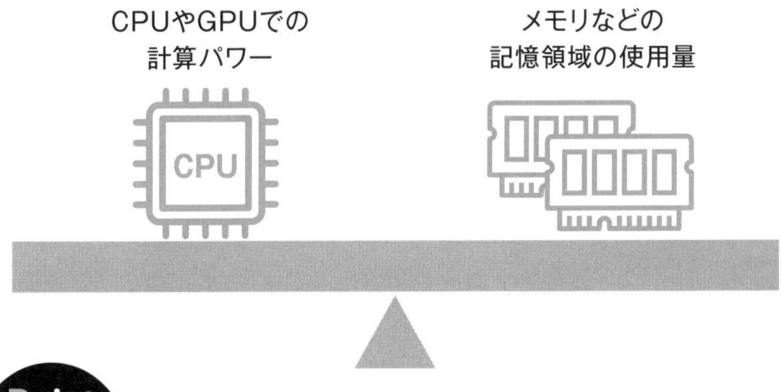

Point

- ソフトウェアの良し悪しを考えるとき、満足度や学習しやすさなどの指標も重要だが、それと同じように効率性も求められる
- データ量が増えたときにもあまり処理時間が増えないアルゴリズムが「よいアルゴリズム」だといえる
- 計算の時間が短くなっても、膨大な記憶領域を使用すると意味がないので、計算にかかる時間と記憶領域の使用量の両方を考える必要がある

アルゴリズムを比べる基準

アルゴリズムの処理速度の指標

処理するデータ量が増えたときに、処理時間がどれくらい増えるのかを考えてみます。データ量を10件、100件、1000件と増やしながら実行し、かかった時間を測定すれば、処理時間の変化の度合いを調べられます（図1-8）。

しかし、この方法では実装しないとアルゴリズムの良し悪しがわかりません。**設計段階で適切なアルゴリズムを選択できないと、開発後に問題に気づいても修正する時間が取れず、納期に間に合わない可能性もあります。**

また、実行するコンピュータが異なると処理時間も変わります。開発者のコンピュータは高性能なため1秒で処理できても、利用者のコンピュータでは10秒かかるかもしれません。

プログラミング言語を変えても同じことが発生します。同じアルゴリズムをC言語で実装すると高速に処理できても、Pythonのようなスクリプト言語では処理に時間がかかる可能性があります。

このため、環境や言語に依存せずにアルゴリズムの処理速度を評価するための指標として**計算量**があります。

計算量の比較

複数のアルゴリズムがあったとき、その計算量を比較することを考えます。定数倍程度の、全体の処理時間の増え方に大きな影響がない部分を無視して記述する方法を**オーダー**といい、その書き方を**オーダー記法**といいます。オーダーを書くときは「O」という記号を使い、この記号をランダウの記号といいます。

例えば、入力の数をnとするとき、このnに比例する場合は$O(n)$、このnの2乗に比例する場合は$O(n^2)$、といった形で表現します。つまり、$O(n)$と$O(n^2)$の2つのアルゴリズムがあった場合は、$O(n)$のアルゴリズムの計算時間が短いと判断できます（図1-9）。

図1-8 **データ量が増えたときの処理時間の変化**

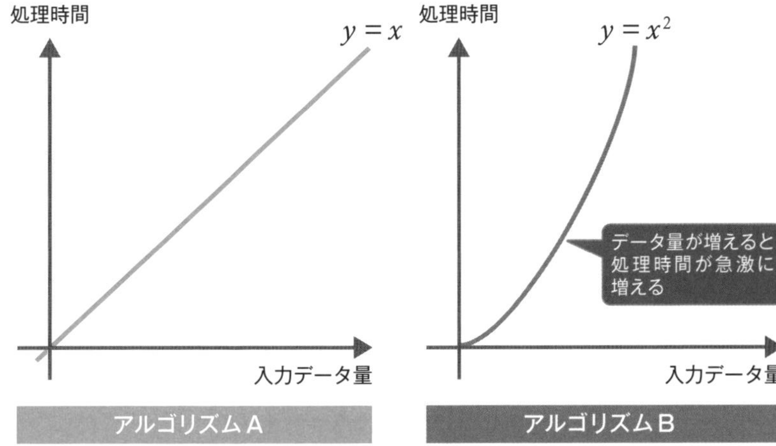

図1-9 **オーダーの比較**

処理時間	オーダー	例
短い	$O(1)$	配列の要素へのアクセスなど
	$O(\log n)$	二分探索など
	$O(n)$	線形探索など
	$O(n \log n)$	マージソート、クイックソートなど
	$O(n^2)$	選択ソート、挿入ソートなど
	$O(n^3)$	行列の掛け算など
	$O(2^n)$	ナップサック問題など
長い	$O(n!)$	巡回セールスマン問題など

Point

- アルゴリズムの処理速度を評価する指標として計算量があり、それを記述する方法としてオーダーがある
- オーダーでは全体の処理時間の増え方に大きな影響がない部分を無視でき、オーダーを見れば大まかな処理時間の増え方がわかる

実装する言語による違い

プログラミング言語を選ぶ

プログラムを作成するときはソースコードを書きますが、このソースコードを書くときに使われる言語をプログラミング言語といいます。私たちが普段から使っている日本語や英語とは異なり、**コンピュータで処理することを前提とした言語**で、世の中には数千ものプログラミング言語があるといわれています。

プログラミング言語は、多くの中から自分の作りたいものや好みで選ぶことになります。例えば、Windowsアプリを作るのであればC#、iOSアプリならSwift、AndroidアプリならKotlin、WebアプリならPHPやJavaScriptなどのように、作りたいものが決まればある程度選択肢は狭まりますが、あとは会社や個人の好みで選びます（図1-10）。

プログラムへの変換方法

ソースコードを書いても、それだけでプログラムが実行できるわけではありません。ソースコードをプログラムに変換する必要があり、その方法によってコンパイラとインタプリタに分けられます（図1-11）。

コンパイラは**事前にソースコードからプログラムに一括で変換しておき、実行するときは変換されたプログラムで処理する方法**です。文書を翻訳するように、事前の変換には時間がかかりますが、実行するときは高速に処理できます。

インタプリタは、**実行しながらソースコードを変換する方法**で、通訳のように話しているそばから訳した言葉を伝えていくイメージです。事前の作業は不要ですが、実行するときには処理に時間がかかります。

最近では、見た目上はインタプリタによって逐次変換しているように見えて、内部ではコンパイラと同様に変換する言語も登場しています。JIT（Just In Time）方式と呼ばれ、初回の実行には時間がかかりますが、2回目以降の処理を高速化できます。

図1-10 作りたいものに合わせてプログラミング言語を選ぶ

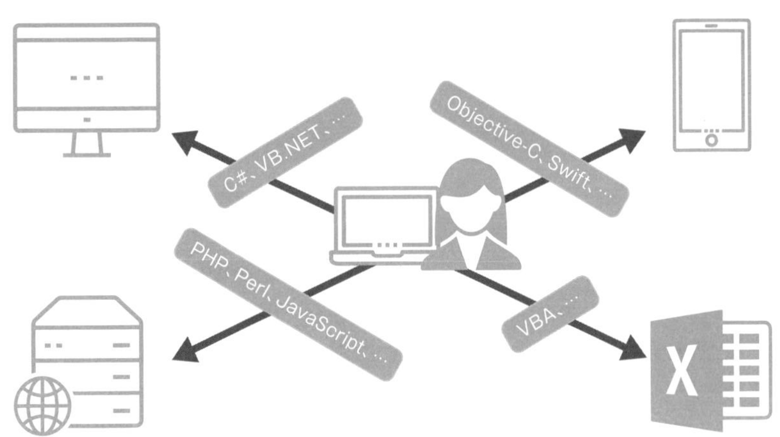

図1-11 コンパイラとインタプリタの違い

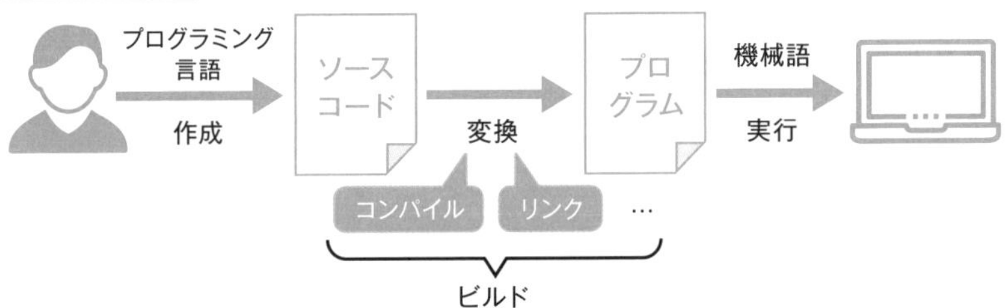

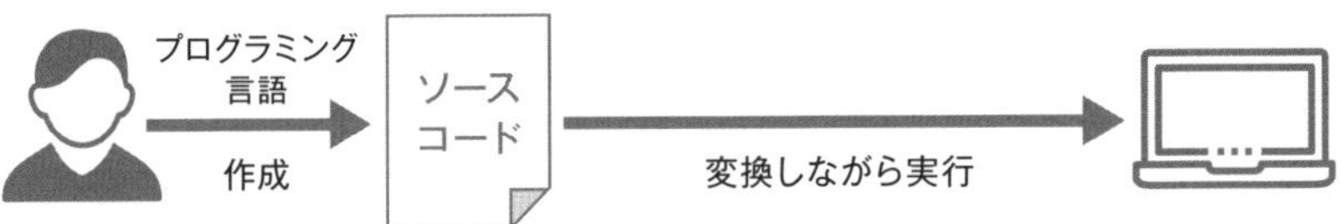

Point

- プログラミング言語は多くの種類があるが、その中から作りたいものに合わせて選ぶ必要がある
- プログラミング言語で書いたソースコードの実行方法として、コンパイラとインタプリタがある

便利なアルゴリズムの集まり

一般的なプログラムの開発に便利な機能

多くのプログラムで共通して使われる便利な機能をまとめたものにライブラリがあります。例えば、メールの送信やログの記録、数学的な関数や画像処理、ファイルの読み込みや保存などが挙げられます。

ライブラリを使うと、**一から実装することなく欲しい機能を簡単に実現できます**。また、ライブラリを1つ用意するだけで、複数のプログラムで共有できるため、メモリやハードディスクなどの有効利用につながります(図1-12)。

高速なアルゴリズムのライブラリ

プログラミング言語の多くは、よく使われるアルゴリズムについてライブラリが用意されており、プログラマはその内部について知らなくても簡単に実装できるようになっています。

例えば、プログラミング言語のJavaでは、日付処理や数学的な計算、画像処理、メール送信などの関数だけでなく、文字列の検索やソート（並べ替え）などの機能がライブラリとして提供されています。これらを読み込むだけで簡単にソートできます（図1-13)。

このようなライブラリを使えば、ソートなどのアルゴリズムをゼロから実装することはほとんどありません。多くの言語では、データを用意して「sort」という処理を呼び出すだけで、高速に処理できるのです。

それならこれを使えばアルゴリズムを学ばなくてもいいと思うかもしれません。もちろん、仕事としてソートを使うときにはライブラリを使います。ただし、その考え方を知っておかないとソート以外には使えません。用意されているライブラリにない処理は自分で考えなければいけないわけです。**似たような処理が必要な場面で、ソートのアルゴリズムを知っているかどうかで作るプログラムの性能に大きな差が出てしまうのです。**

図1-12 ライブラリ

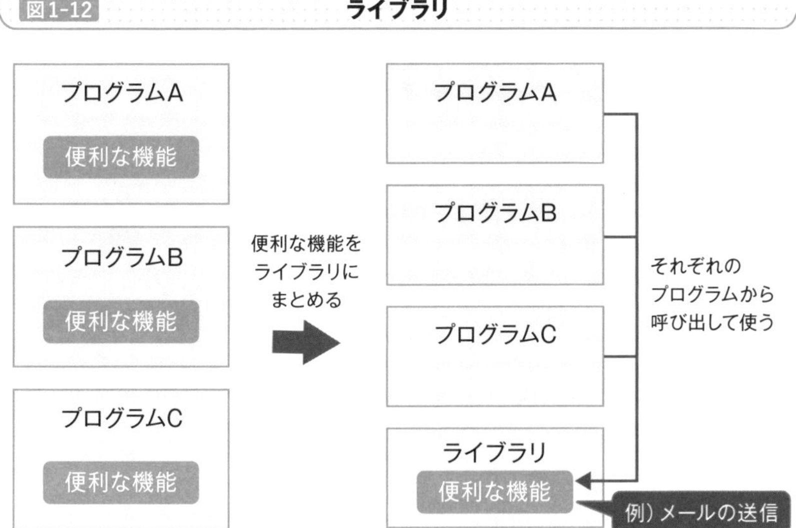

図1-13 ライブラリを使ったソースコードの例(Javaの場合)

```
import java.util.Arrays;                   ← ライブラリの読み込み

class Test
{
    public static void main (String[] args)
    {
        int[] a = {1, 8, 3, 7, 2, 4, 9, 5, 6};   ← データの準備
        Arrays.sort(a);                          ← ソートの実行
        System.out.println(Arrays.toString(a));  ← 結果の出力
    }
}
```

Point

- ライブラリを使うことで、多くのプログラムでよく使われる機能を簡単に実現できる
- 多くのプログラミング言語では、よく使われるアルゴリズムについてのライブラリを提供している

アルゴリズムの権利

ソフトウェアを守るしくみ

工業製品とは異なり、ソフトウェアは簡単にコピーできるという特徴があります。そこで、新しいソフトウェアを開発したときに、それを保護することを考えてみましょう（図1-14）。

新しい発明は、特許制度に出願して認められると特許権を得ます。これにより、その技術を独占的に使うことができ、他社がその特許を勝手に使った場合には、損害賠償を請求することもできます。

ソフトウェアにはソフトウェア特許がありますし、暗号技術などでは多くの特許が申請されています。その特許を巡って裁判になった事例もあります。**アルゴリズムの場合は発明として特許を申請できますが、申請することでその技術が知られてしまうというデメリットもあります**。なお、プログラミング言語については発明とはされず、特許はありません。

ソースコードの著作権

特許と同じように作者を保護する考え方として著作権があり、文章や音楽などに対して与えられます。特許権とは異なり、申請する必要がなく、自分が作ったという事実があればその時点から著作権が発生します。

プログラムのソースコードにも著作権があり、**他の人が作ったソースコードを勝手にコピーして自分のソフトウェアに使用することはできません**。このとき、組織の業務として開発したソースコードについては、その組織の著作権になることが一般的です。なお、プログラミング言語やアルゴリズムについては著作権が発生しません。

最近ではオープンソースと呼ばれる形態で配布されるソースコードも増えています。この場合、指定されたライセンスに従っている限りは自由に利用、修正、頒布できます。改変した部分のソースコードを開示することで認められるなどの条件があるため、ライセンスの内容を確認しましょう（図1-15）。

図1-14 知的財産権の種類

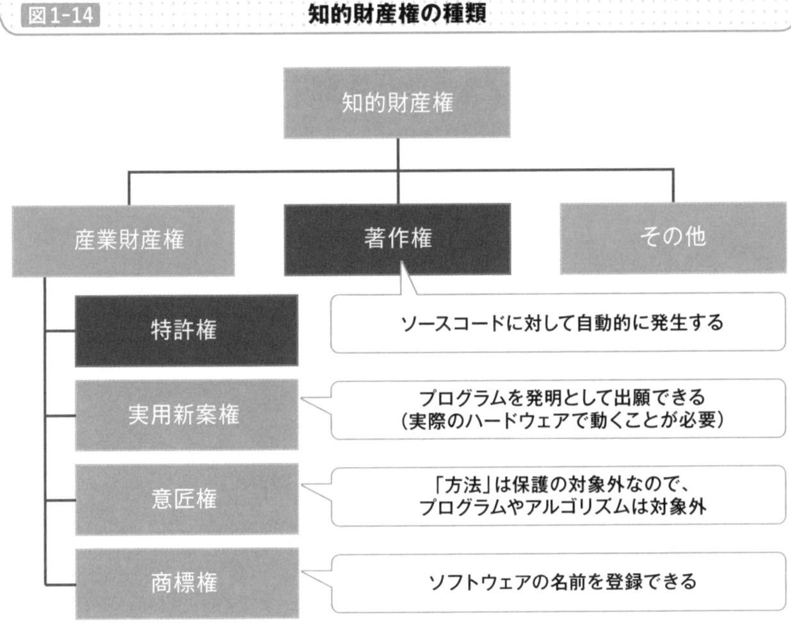

図1-15 オープンソースのライセンス

カテゴリ・類型	ライセンスの例	改変部分のソースコード開示	他のソフトウェアのソースコード開示
コピーレフト型	GPL、AGPLv3、EUPL、など	**必要**	**必要**
準コピーレフト型	MPL、LGPLv3、など	**必要**	不要
非コピーレフト型	BSD License、Apache 2.0 License、MIT Licenseなど	不要	不要

参考:『OSSライセンスの比較および利用動向ならびに係争に関する調査』(独立行政法人情報処理推進機構)

Point

- 新たな発明を使ったソフトウェアを保護するために、特許を申請できる
- ソースコードについては自動的に著作権が発生する
- オープンソースのソフトウェアを使う場合にはライセンスを確認し、その内容に従う場合のみ自由に利用、修正、頒布が可能である

アルゴリズムを図示する

他人との共通認識を作るフローチャート

プログラムを書けるようになっても、他の人が書いたソースコードを読むのは大変なものです。日本語で書かれたコメントがあっても、処理がどう進むのかを1行ずつ読んでいく必要があります。このとき、処理の流れがわかる図があればスムーズに理解できるでしょう。

そこで、「処理の流れ」を表現したフローチャートという図が使われています。JIS（日本産業規格）で定められた標準規格で、プログラムの処理を表現するだけでなく、事務作業の手順などを図で表現する業務フローの記述にも使われています。

プログラムは図1-16のような基本的な処理の組み合わせで実現でき、この記号を並べた図1-17のような図のことをフローチャートといいます。このとき、**誰が見ても共通の認識を得られるように、決められた記号を使って描くこと**が大切です。

フローチャートが必要な理由

最近はプログラムを作成するときに設計段階でも実装段階でも、フローチャートを描くことは少なくなってきました。図を作成するよりも、プログラムを実際に作成して動作を確認する方が効率的だからです。顧客から資料の作成を求められたときだけ、プログラムができあがってからフローチャートを作成することもあります。

一方で、オブジェクト指向プログラミングやオブジェクト指向設計を考えたときに、UMLという図を使うことが増えています。ソースコードを書いたり読んだりするのは大変でも、フローチャートやUMLのように図を描くことは、人間にとってわかりやすいのです。

そして、UMLにはアクティビティ図と呼ばれる図があり、フローチャートに似ています。現在もフローチャートの考え方は有効な方法なのです。

図1-16 **フローチャートでよく使われる記号**

意味	記号	詳細
開始・終了	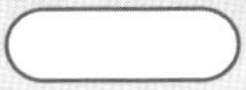	フローチャートの開始と終了を表す
処理	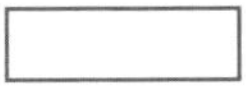	処理の内容を表す
条件分岐		条件に応じて振り分ける処理を表す 記号の中に条件を書く
繰り返し	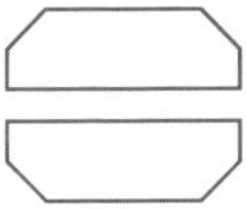	何度も繰り返すことを表す 開始（上）と終了（下）で挟んで使う
キー入力	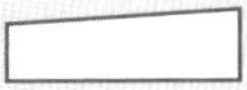	利用者がキーボードで入力することを表す
定義済み処理	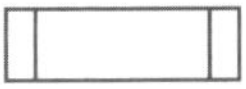	他で定義されている処理を表す

図1-17 **代表的な処理の流れ**

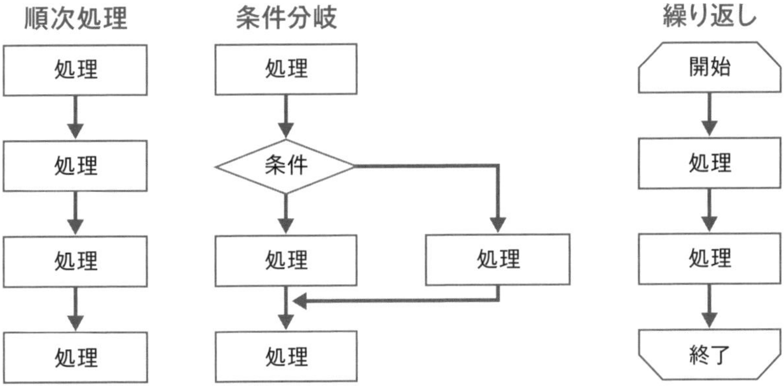

Point

- 処理の流れを説明するために使われる図にフローチャートがある
- プログラムは順次処理、条件分岐、繰り返しの組み合わせで多くを表現できる
- フローチャートを描いてからプログラムを作成することはほとんどないが、人に説明する場面ではいまだに有効である

紙に書く計算のアルゴリズム

机上で考える

アルゴリズムというと、コンピュータで処理することをイメージするかもしれませんが、あくまでも処理の手順なので、考えることはコンピュータがなくてもできます。**実際にプログラムを作るときにも、最初からコンピュータ上でソースコードを書くのではなく、紙とペンを持ってその手順を考えることは少なくありません。**

ここでは、簡単な例として筆算のアルゴリズムを考えてみましょう。小学校でも2桁以上の掛け算などをするときに筆算を使う人は多いでしょう。例えば、123×45という計算を考えてみます。九九を覚えたばかりの子に、この筆算を教える場面を想像するとよいでしょう。

例として、図1-18のような手順が考えられます。この手順を、まずは日本語で1つずつ説明してみるのです。そして、これをプログラミング言語に変換してみます。実際にやってみると、この手順を説明するだけでも簡単ではないとわかるでしょう。

プログラミングはラジオの実況中継

プログラミングは**目の前に起こっていることを言葉で伝えること**だと考えられます。これは、スポーツ中継をしているラジオのアナウンサーと同じような形です。

テレビであれば映像があるので、言葉がなくても状況が伝わるかもしれませんが、ラジオではその一挙手一投足を全部言葉にして解説しないと伝わりません（図1-19）。

プログラミングでアルゴリズムを記述することも同じで、どうやれば相手（コンピュータ）にスムーズに伝わるかを考える必要があります。このとき、抜けや漏れがあってはいけませんし、順番が前後すると相手のイメージしているものが変わってしまうかもしれません。

図1-18 **筆算の手順**

❶桁をそろえて縦に並べる

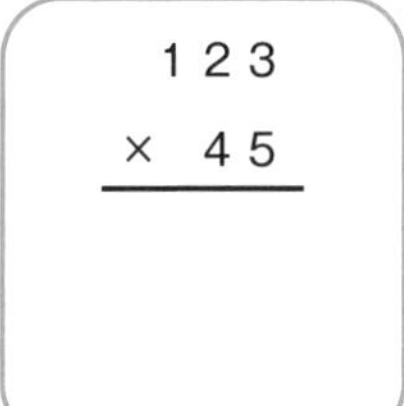

❷下の数の1の位と上の数を各桁で掛け算する

❸下の数の10の位と上の数を各桁で掛け算する

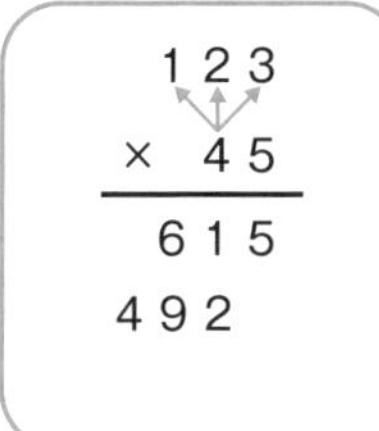

❹❷と❸の掛け算の結果を足し算する

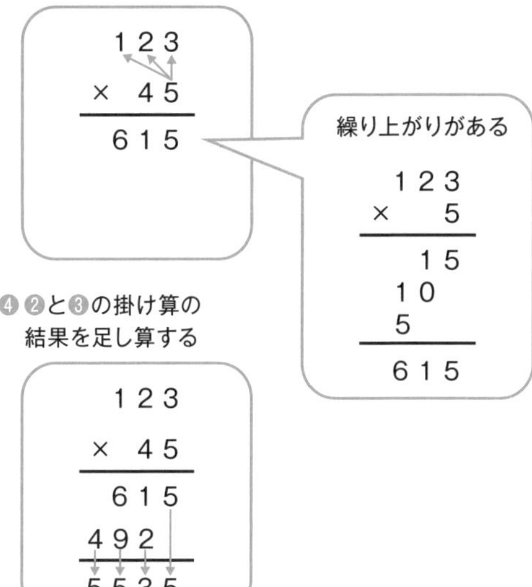

図1-19 **言葉での実況中継**

Point

- アルゴリズムは処理の手順を言葉や図で表現できるので、コンピュータを使わなくても考えられる
- プログラミング言語では言葉だけで指示する必要があるため、抜けや漏れがあったり、順番が前後したりすると正確に伝わらない

素数を見つけ出す

素数の探索

多くの数学者が興味を持っている数に素数があります。**素数は、1とその数以外に約数を持たない数のこと**です。例えば、2の約数は「1と2」、3の約数は「1と3」、5の約数は「1と5」なので、2、3、5はいずれも素数です。しかし、4の約数は「1・2・4」、6の約数は「1・2・3・6」で1とその数以外に約数があるため、4や6は素数ではありません（図1-20）。

このため、**ある数が素数かどうかは約数の個数を調べればわかります。**約数はその数以下の自然数で割って、割り切れるかどうか調べれば求められます。10の約数を見つけるには、1から順に10まで割ってみればいいのです。もちろん、1から順に全部調べる必要はなく、1以外で割り切れる整数が見つかった時点で探索を終了できます。

また、10であれば2で割り切れることがわかれば5で割り切れることもわかります。実際には、その数の平方根まで探せば十分で、10の平方根は3.1……なので、10が素数かを判定するには、2と3で割った時点で判断できます。

ただし、数が大きくなればなるほど、割り算をする回数が多くなります。10万までの素数を探そうと思うと、それぞれについて何度も割り算を繰り返す必要があるため、処理に時間がかかりそうだと想像できるでしょう。

高速に素数を求める

効率よく素数を求める方法としてエラトステネスのふるいが知られています。これは、指定された範囲の中から2で割り切れる数、3で割り切れる数、……と割り切れる数を順に除外する方法です。

図1-21のように、まずは2の倍数を除外、次に3の倍数を除外、と繰り返すと、最後には素数だけが残るという考え方です。この方法を使うと、10万くらいまでの素数を探す場合でも、処理時間を大幅に短縮できます。

図1-20 **1から9までの約数**

数	約数	素数の判定
1	1	1は素数ではない
2	1, 2	素数
3	1, 3	素数
4	1, 2, 4	2で割り切れるので素数ではない
5	1, 5	素数
6	1, 2, 3, 6	2と3で割り切れるので素数ではない
7	1, 7	素数
8	1, 2, 4, 8	2と4で割り切れるので素数ではない
9	1, 3, 9	3で割り切れるので素数ではない

図1-21 **エラトステネスのふるい**

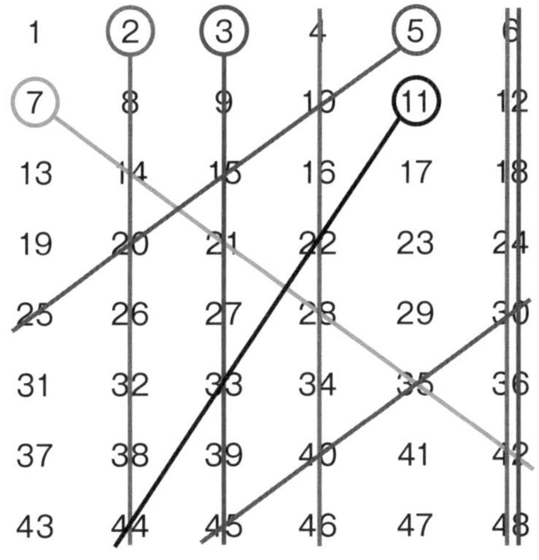

Point

- 素数は1とその数以外に約数を持たない数で、大きな数の場合は判定に時間がかかる
- 素数を効率よく求める方法としてエラトステネスのふるいが知られている

共通する最大の約数を探す

最大公約数を求める

1-10で素数を求めるときに約数を考えましたが、複数の数で共通している約数のうち、最大のものを**最大公約数**といいます。例として、45と27という2つの数の最大公約数を考えてみましょう。

45の約数は「1・3・5・9・15・45」の6つ、27の約数は「1・3・9・27」の4つです。これらに共通する約数（公約数）は「1・3・9」がありますが、その中で一番大きいのは9なので、45と27の最大公約数は9です（図1-22）。

上記のように、それぞれの数の約数を求めて、その公約数の中から最大のものを求めてもよいのですが、割り切れるかどうかを全部調べるのは大変です。そこで、工夫して短時間で求める方法を考えてみましょう。

2つの自然数の最大公約数を速く見つけるには？

2つの自然数の最大公約数を高速に求める方法として、**ユークリッドの互除法**が知られています。名前の通り、除法（割り算）を繰り返して剰余（あまり）を計算する方法です。

2つの数を a と b とし、a を b で割ったときの商を q、あまりを r とすると、$a \div b = q \cdots r$ となります。次に、b を r で割ってあまりを求める、という作業をあまりが0になるまで繰り返します。あまりが0になったとき、最後の割る数が最大公約数となる、という方法です（図1-23）。

これなら**割り算を繰り返すだけで、それぞれの数の約数を求める必要もありません。**そのため、高速に処理できることで知られています。整数を扱う問題では、最大公約数が1、つまり公約数が1のみであることを意味する「互いに素」という言葉がよく使われます。例えば、歯車を噛み合わせるとき、歯の数が互いに素の比率になっていないと、同じ歯が何度も噛み合ってしまい、部分的に壊れやすくなります（図1-24）。このように、実務において重要な互いに素の関係を調べるときにも最大公約数は使われるのです。

図1-22 **最大公約数**

45の約数	1	3	5	9	15		45
27の約数	1	3		9		27	

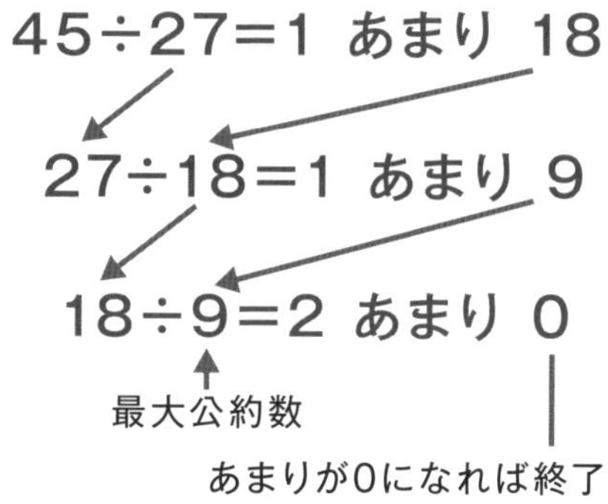

図1-23 **ユークリッドの互除法**

図1-24 **互いに素**

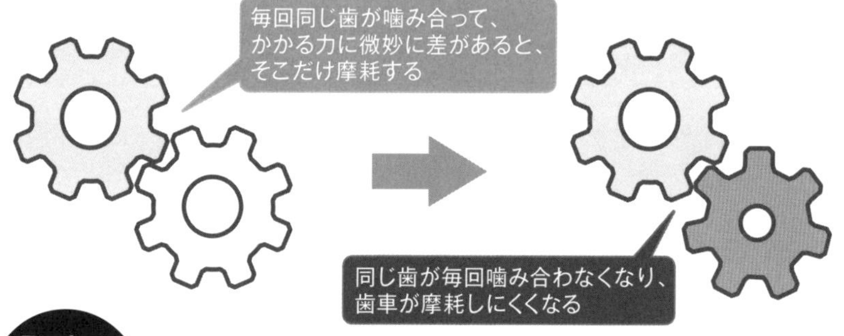

Point

- 2つの数の最大公約数を高速に求める方法として、ユークリッドの互除法が知られている
- 最大公約数が1であることを「互いに素」といい、実務でも求められる場面がある

パズルでアルゴリズムを学ぶ

アルゴリズムを学ぶ上で欠かせない「ハノイの塔」

アルゴリズムを学ぶときによく知られているパズルとしてハノイの塔があります。これは、次のような伝説がもとになっています。

「インドにある大寺院に3つのダイヤモンドの塔があった。そのうち1本に、64枚の黄金の円盤がピラミッド状に重ねられている。僧侶たちは、その円盤を別の塔に移し替える作業を1日中行っている。すべての円盤を移し替えたとき、この世は消滅し、終焉を迎える」

この円盤を移し替えるときには、次のルールがあります。

- すべての円盤は大きさが異なり、小さな円盤の上に大きな円盤は積めない
- 円盤を重ねられる場所は3箇所だけで、最初は1箇所に積まれている
- 円盤は1度に1枚ずつ移動でき、すべての円盤を別の塔に移す

最小の移動回数を考える

このハノイの塔の移動に必要な回数を考えてみましょう。まず3枚の円盤で試してみると、図1-25のようになり、最短の場合は7回で移動できることがわかります。次に、4枚を移動するのに必要な最小の移動回数を求めてみます。4枚のうち、上にある3枚を上記の3枚のときと同じ要領で移動すると、次に残った1枚を移動できます。その後、もう1度3枚を同じ要領で移動すると完成です（図1-26）。つまり、4枚の移動には7+1+7=15回の移動が必要だとわかります。

一般に、n 枚の移動には 2^n-1 回の移動が必要だと計算できます。ここで、冒頭の伝説について考えてみると、64枚の移動には $2^{64}-1$ 回の移動が必要で、1枚の移動に1秒かかったとして、すべてを動かすには5800億年以上もかかる計算になるのです。

図1-25 ハノイの塔で3枚の場合の手順

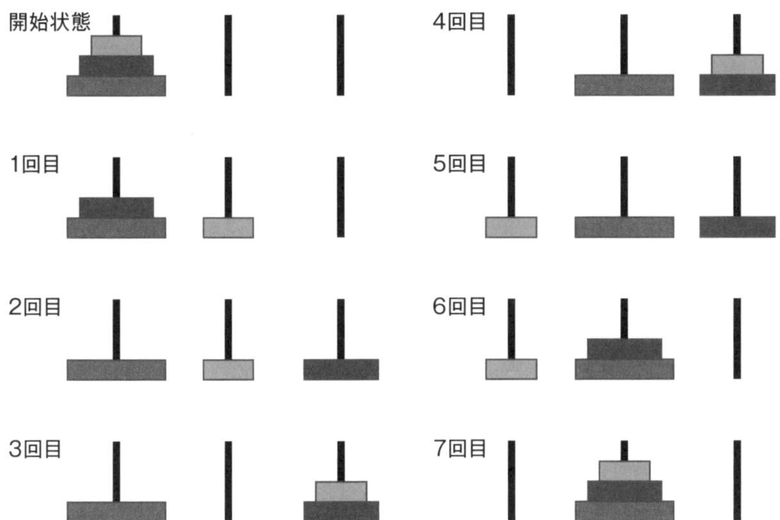

図1-26 ハノイの塔で4枚の場合の手順

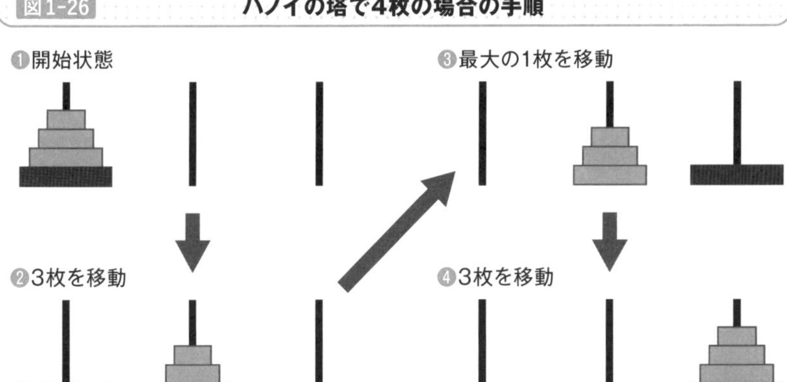

Point

- ハノイの塔は単純な操作だが、枚数が増えると大幅な処理時間が必要なことが知られている
- 枚数が少ない場合で規則性を考えることで、枚数が増えたときの処理時間を想像できる

» ランダムな値を使って調べる

ランダムな値を発生させる

コンピュータは間違えずに指示された通り動きますが、毎回同じ値ではなく、バラバラな結果が欲しい場合があります。例えば、サイコロやおみくじのように毎回結果が変わってほしいものや、じゃんけんなどの対戦ゲームを作ろうと思ったら、コンピュータの結果が予測できては困ってしまいます。

このような場合にコンピュータで処理するためには、ランダムな値（乱数）を擬似的に発生させる方法が使われます。実際には計算で求めているため、このようにして作ったランダムな値を擬似乱数といいます。

本来の乱数であれば規則性や再現性がありませんが、擬似乱数ではシード（種）と呼ばれる値を固定することで、同じ乱数列を生成できます。これにより**何度でも同じ結果を再現できるため、不具合の調査が可能になるというメリット**もあります。

ランダムにシミュレーションをする

乱数はゲームなどで使われるだけでなく、シミュレーションにも使われることがあり、モンテカルロ法と呼ばれます。よく使われる例として、小学校でも学んだ円周率（$\pi=3.14\cdots$）の近似値を求めるものが挙げられます。

図1-27のような座標平面で、$0 \leqq x \leqq 1, 0 \leqq y \leqq 1$ の範囲内でランダムに点を選び、その点が $x^2 + y^2 \leqq 1$ を満たすかどうかを調べます。このとき、全体の面積は 1×1 で、扇形部分の面積は $1 \times 1 \times \pi \div 4$ なので、400個調べれば314個前後、4000個調べれば3141個前後がこの条件を満たすと考えられます。

筆者の手元の環境で試してみると、図1-28のようになりました。調べる個数を増やしていくと、近似値として十分な精度の値が求められていることがわかります。このように、乱数を使う方法は、第6章で紹介する機械学習などでも使われています。

図1-27 **モンテカルロ法**

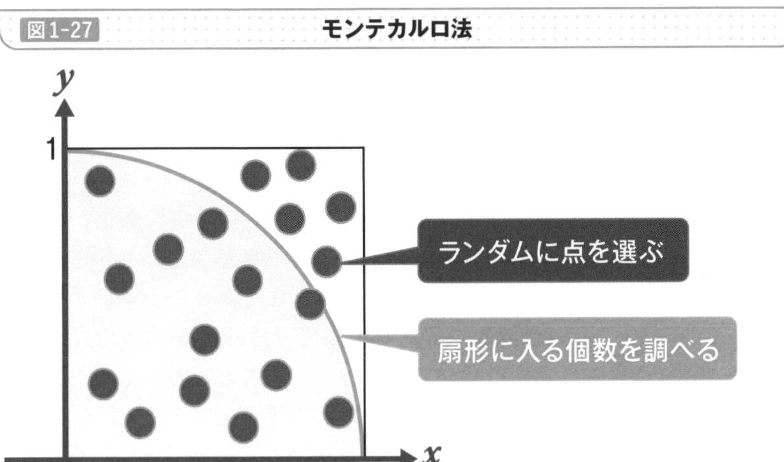

図1-28 **シミュレーション結果**

選んだ点の数（個）	扇形に含まれる点の数（個）	円周率の近似値
100	76	3.04
1,000	782	3.128
10,000	7,838	3.1352
100,000	78,711	3.14844
1,000,000	785,610	3.14244
10,000,000	7,853,257	3.1413028
100,000,000	78,540,587	3.14162348
1,000,000,000	785,416,398	3.141665592

Point

- コンピュータでランダムな値を使うには、擬似乱数を使う
- 乱数を使ってシミュレーションする方法としてモンテカルロ法が有名

やってみよう

さまざまな関数での増え方を比較してみよう

この章では、計算量やオーダーの考え方について紹介しました。しかし、関数の式だけを見ていると、入力されたデータが増えたときに、処理時間がどれくらいのペースで増えるのか想像しにくいものです。

そこで、Excelなどの表計算ソフトを使って、処理時間の増え方をグラフに描いてみましょう。表計算ソフトでは、計算式を入力するだけで簡単に計算できるだけでなく、その結果を簡単にグラフ化できます。

例えば、図のような関数を表計算ソフトのセルに入力し、C列やD列を右方向にコピーしてください（A列はそれぞれの関数の見出しで、B列以降がそれぞれの関数の値を表しています)。

	A	B	C	D	……
1	x	1	=B1+1	=C1+1	……
2	x*x	=B1*B1	=C1*C1	=D1*D1	……
3	x*x*x	=B1*B1*B1	=C1*C1*C1	=D1*D1*D1	……
4	2**x	=POWER(2,B1)	=POWER(2,C1)	=POWER(2,D1)	…
5	log(x)	=LOG(B1)	=LOG(C1)	=LOG(D1)	…
6	x*log(x)	=B1*LOG(B1)	=C1*LOG(C1)	=D1*LOG(D1)	…
7	x!	=B1	=B7*C1	=C7*D1	…

右方向に5個コピーしたとき、10個コピーしたとき、20個コピーしたとき、というように列の数を増やしながら結果を見ると、その値の増え方が数値として確認できます。さらに、コピーした範囲を変えながら、折れ線グラフを作成してみましょう。

できあがったグラフを見ると、入力されたデータの数（xの値）が大きくなったときに、急速に処理時間（yの値）が増えるオーダーがよくわかります。

第2章

データの保管のしかた

~それぞれの構造と特徴~

整数の表現方法

日常生活でよく使う10進数

商品の金額やモノの長さ、重さ、速さなどを表現するとき、私たちは0〜9の10個の数字を各桁に使います。1桁で足りなくなれば10の位、2桁で足りなくなれば100の位、というように桁を増やしながら、それぞれの桁にも0〜9を使います。このような数を**10進数**といいます。

10進数が使われる理由には、人間の指が両手で10本であることが考えられています。数を数えるのに便利で、**0〜9までの掛け算を覚えていると、どんな大きな数でも計算できます**。九九を覚えるのもこのためです。

コンピュータに便利な2進数

コンピュータは電気的に動く機械なので、**「オン」「オフ」で制御する方法が簡単**です。そこで、0と1の2つの値を使う**2進数**がよく使われます。10進数と同じく、1桁で足りなくなれば桁を増やしていきます。

10進数との対応を調べると、図2-1のようになります。このとき、「10」と書くと10進数の10なのか2進数の10なのかわからないため、右下に基数を書いて、10進数の18は2進数で$10010_{(2)}$のように表現します。

足し算や掛け算は、2進数では図2-2のような決まりを用意すれば十分です。これを使うと、10進数で3×6という計算は2進数では、$11_{(2)} \times 110_{(2)} = 10010_{(2)}$のように計算でき、図2-1より10進数の18だと確認できます。

桁数を減らすために使われる16進数

2進数でも数を表現できますが、値が大きくなると桁数は急激に増えていきます。例えば、10進数の255は2進数では$11111111_{(2)}$のように8桁の値になります。また、0と1が多く並んでいると、人にとってわかりにくいため、0〜9の数字に加えてA、B、C、D、E、Fの16種類を使って表す**16進数**がよく使われています。

図2-1 10進数と2進数、16進数の対応表

10進数	2進数	16進数
0	0	0
1	1	1
2	10	2
3	11	3
4	100	4
5	101	5
6	110	6
7	111	7
8	1000	8
9	1001	9
10	1010	A
11	1011	B
12	1100	C
13	1101	D
14	1110	E
15	1111	F

10進数	2進数	16進数
16	10000	10
17	10001	11
18	10010	12
19	10011	13
20	10100	14
21	10101	15
22	10110	16
23	10111	17
24	11000	18
25	11001	19
26	11010	1A
27	11011	1B
28	11100	1C
29	11101	1D
30	11110	1E
31	11111	1F

図2-2 2進数の演算

足し算	掛け算
0＋0＝ 0	0×0＝ 0
0＋1＝ 1	0×1＝ 0
1＋0＝ 1	1×0＝ 0
1＋1＝10	1×1＝ 1

足し算の例

```
  100
+ 111
-----
 1011
```

掛け算の例

```
    11
 × 110
------
    11
   11
------
 10010
```

Point

- 10進数では0〜9の10種類の数字を使うが、2進数では0と1の2種類、16進数では0〜9にAからFを加えた16種類で表現する
- コンピュータは2進数で処理を行うが、そのまま表示すると桁数が多くなるため、16進数で表現することがある

データの単位

データの最小単位のビット

コンピュータでデータを扱うときの最小単位は**ビット**（bit）と呼ばれ、**2進数の1桁である「0」と「1」のいずれかで表現**します。つまり、1ビットでは0と1の2通りの値を識別できます。

2ビットでは2^2＝4通り、3ビットでは2^3＝8通り、というように桁数が増えると識別できる値の数が増えていきます。8ビットでは2^8＝256、16ビットでは2^{16}＝65536、32ビットでは2^{32}＝約43億となります。このように、2の指数でどのくらいの値を識別できるのか、図2-3のような表を覚えておくとよいでしょう。

データ量を表すときによく使われるバイト

データの量を表すときには、ビットよりも**バイト**（byte）という単位をよく使い、Bという記号で表現します。1バイト＝8ビットのことなので、2進数で考えると8桁分を表現できます。そして、これに接頭辞をつけることで、さらに大きな値を表現することもできます（図2-4）。

なお、コンピュータの記憶装置の容量を表すときには、2進数での接頭辞をつけることもあります。人間の感覚としては、1KBや1MBの方が直感的にわかりやすいものですが、**コンピュータでは2進数で表しているので、実際の保存領域とは誤差が出てしまう**ためです。

CPUが扱うメモリの大きさ

コンピュータのアーキテクチャを表すとき、32ビットや64ビットという表現を使うことがあります。例えば、Windows 10の場合は32ビット版と64ビット版が用意されています。これは、CPUがメモリを扱うときのアドレスの大きさを表しています。図2-3と図2-4より、32ビットなら最大で4GB程度のメモリしか扱えないことがわかります。

図2-3 **2の指数で識別できる値の数**

ビット数	識別できる数
1	2
2	4
3	8
4	16
5	32
6	64
7	128
8	256

ビット数	識別できる数
9	512
10	1,024
…	…
16	65,536
20	1,048,576
24	16,777,216
32	4,294,967,296（約43億）
64	約1844京

図2-4 **データの量を表すときに使われる単位**

単位	データの量	2進数での接頭辞	データの量
バイト（B）	8ビット	バイト（B）	8ビット
キロバイト（KB）	10^3＝1000 B	キビバイト（KiB）	2^{10}＝1024 B
メガバイト（MB）	10^6＝1000 KB	メビバイト（MiB）	2^{20}＝1024 KiB
ギガバイト（GB）	10^9＝1000 MB	ギビバイト（GiB）	2^{30}＝1024 MiB
テラバイト（TB）	10^{12}＝1000 GB	テビバイト（TiB）	2^{40}＝1024 GiB
ペタバイト（PB）	10^{15}＝1000 TB	ペビバイト（PiB）	2^{50}＝1024 TiB
エクサバイト（EB）	10^{18}＝1000 PB	エクスビバイト（EiB）	2^{60}＝1024 PiB

Point

- 2進数の1桁で表現できる量が1ビットであり、8ビットを1バイトとしてよく使う
- 大きなサイズを扱うときは、キロバイトやメガバイトのように接頭辞をつけるが、2進数での接頭辞としてキビバイトやメビバイトが使われることもある

小数の表現方法

小数を扱うときの注意点

10進数は一の位、十の位、百の位、と呼ぶように、それぞれの桁は10^0、10^1、10^2、と考えられます。同様に2進数の表現は、それぞれの桁が2^0、2^1、2^2、という値を表しています。つまり、それぞれの桁の値と掛け合わせることで、2進数から10進数の値を求められます（図2-5）。

この変換により、整数の場合は**10進数の値を2進数に変換すると、その2進数から10進数に戻したときに元の値と完全に一致します**（ただし、コンピュータで扱える値には上限があります）。小数の場合は整数と同じように扱える場合と、循環小数になってしまう場合があります。

例えば、10進数の0.5は分数で表現すると$\frac{1}{2}$なので、2進数だと0.1と表現できます。しかし、10進数の0.1の場合は、2進数では0.0001100110011……と繰り返してしまいます。

つまり、10進数に戻したときに、元の値と異なる値になってしまうのです。これは、電卓などで1÷9を計算すると0.11111…と表示され、それに9を掛けても0.99999…となり、1に戻らないのと同じです。

小数を扱うときの工夫

循環小数でも、小数を使わざるを得ないこともあるでしょう。コンピュータで小数を扱う場合、浮動小数点数という表現方法がよく使われます。これはIEEE 754という規格で標準化されており、単精度浮動小数点数（32bit）と倍精度浮動小数点数（64bit）がよく使われています（図2-6）。

これは、符号部と指数部、仮数部に分けて固定長で表現する方法で、実数型とも呼ばれ、多くのプログラミング言語で採用されています。実数型を使えば整数も小数も表現できますが、実数型はあくまでも近似値の可能性があります。その他にも、通貨を扱う事務処理のように誤差が許されない場合、10進数の各桁を2進数で表す2進化10進数が使われる場合もあります（図2-7）。

図2-5 **2進数から10進数への変換**

$$
\begin{array}{ccccccc}
1 & 0 & 1 & 0 & 1 & 1 & 0 \\
\times & \times & \times & \times & \times & \times & \times \\
2^6 & 2^5 & 2^4 & 2^3 & 2^2 & 2^1 & 2^0 \\
\downarrow & & \downarrow & & \downarrow & \downarrow & \\
64 & + & 16 & + & 4 & + \; 2 & = \mathbf{86}
\end{array}
$$

図2-6 **浮動小数点数の表現**

単精度浮動小数点数（32ビット）

符号（1ビット）	指数部（8ビット）	仮数部（23ビット）

倍精度浮動小数点数（64ビット）

符号（1ビット）	指数部（11ビット）	仮数部（52ビット）

図2-7 **2進化10進数**

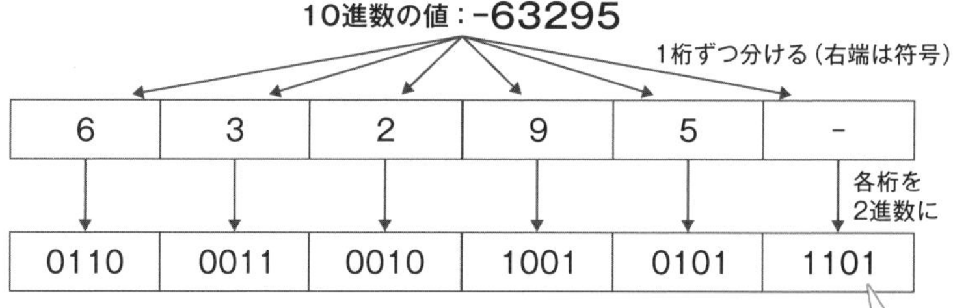

Point

- 10進数の小数を2進数に変換すると、循環小数になる場合がある
- コンピュータで小数を扱う場合、浮動小数点数がよく使われ、IEEE 754という規格で標準化されている
- 通貨を扱うような場合には、2進化10進数という方法が使われることもある

文字の表現方法

コンピュータで文字を扱う

コンピュータでは数を使うだけでなく、文字の入力や出力も可能です。このとき、**コンピュータの内部では文字も整数として扱われており、その数に対応した文字を表示しています。**

例えば、「A」という文字に65（16進数で41)、「B」に66（16進数で42)、「C」に67（16進数で43）のように対応する整数が割り当てられています。このように数値と文字を対応付けたものが文字コードです。

一般的に、アルファベットや数字の場合はASCIIという文字コードがよく使われ、図2-8のような表で表現します。アルファベットの大文字と小文字は52種類あり、これに加えて0から9の10種類、一部の記号や制御文字などを表現するには128種類ほどの対応表が必要です。$2^7 = 128$なので、128種類を表現するには7ビットが必要で、ASCIIではこの7ビットに1ビットを加えた8ビットで1文字を表すことにしています。

日本語を扱うためのしくみ

日本語はひらがなやカタカナだけでなく、漢字も使うため、すべての文字を表すときに8ビットでは到底足りません。そこで、16ビットを使った文字コードとしてShift_JISやEUC-JPなどが使われるようになりました。これらを2バイト文字といいます。それぞれの文字コードでは対応表が異なるため、異なる文字コードで開いてしまうと、正しく表示されません。これを文字化けといいます（図2-9)。

最近では、16ビットで入りきらないような文字や、世界中の文字を扱えるUnicodeが使われることが増えており、文字化けも少なくなりました。しかし、**プログラムで文字を扱うには、文字コードについての知識が必要**です。基本的には自前で文字コードについての処理を実装することは避け、プログラミング言語やライブラリなどで用意されている処理を使うようにしましょう。

図2-8 **ASCIIによる表現（色をつけた部分は制御文字）**

	-0	-1	-2	-3	-4	-5	-6	-7	-8	-9	-A	-B	-C	-D	-E	-F
0-																
1-																
2-	SP	!	"	#	$	%	&	'	(	)	*	+	,	-	.	/
3-	0	1	2	3	4	5	6	7	8	9	:	;	<	=	>	?
4-	@	A	B	C	D	E	F	G	H	I	J	K	L	M	N	O
5-	P	Q	R	S	T	U	V	W	X	Y	Z	[	\	]	^	_
6-	`	a	b	c	d	e	f	g	h	i	j	k	l	m	n	o
7-	p	q	r	s	t	u	v	w	x	y	z	{	|	}	~	

※制御文字：ディスプレイやプリンタなどに特別な動作をさせるために使われる特殊な文字。

図2-9 **日本語の文字化けの例**

Point

- コンピュータで文字を扱う場合は、数値と文字を対応付けた文字コードを使って表現する
- 日本語は8ビットでは表現できないため、2バイト文字などが使われる
- 最近では世界中の文字を表現できるUnicodeが使われることが多い

1つひとつに割り当てる

メモリの場所に名前をつける

プログラムでデータを処理するときには、その値をメモリ上に格納して一時的に保存し、その内容を読み込んで使います。このとき、**メモリ上のどこにあるのかを識別するために、メモリ上の場所に名前をつけます。**

このように、メモリ上の場所に対して名前をつけたものを変数といいます。数学でもxやyといった記号を使って変数を表現しますが、プログラミングでも名前をつけるのです（図2-10）。

変数という名前の通り、格納されている値は変更できます。変数に値を格納することを代入といい、代入するとそれまでに変数に格納されていた値は上書きされます。つまり、最後に代入した値だけが残る形です。例えば、多くのプログラミング言語では「x = 5」と書くと「xという変数に5を代入する」という意味で、それまでxという変数に何が入っていても、それ以降は5という値になります（図2-11）。

読み出すときは、変数の名前を指定することで、それぞれの変数が持っている値を取得できます。つまり、この変数を使えば、複雑な計算をした結果を保持しておくことができ、必要に応じて処理の中からその結果を再利用できるため、効率的です。

格納した値を変更できないようにする

変数を使うと格納した値を変更できて便利な一方、1度格納した値をそのプログラムの中では変更しないこともあります。このような場合でも変数を使うことはできますが、変更されないのであれば**変更できないようにしておけば意図しない不具合を防ぐ**ことにつながります。

そこで、1度格納した値は変更できないようにする方法が多くのプログラミング言語で用意されていて、これを定数といいます。変数と同じように、名前を指定することで、中身を読み出すことができます。また、格納した値を変更しようとするとエラーになります（図2-12）。

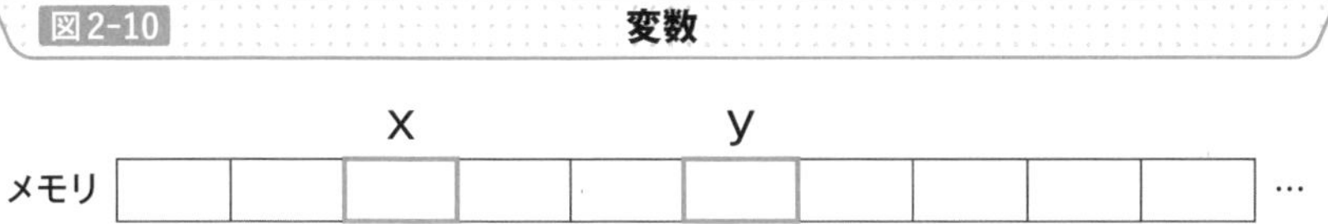

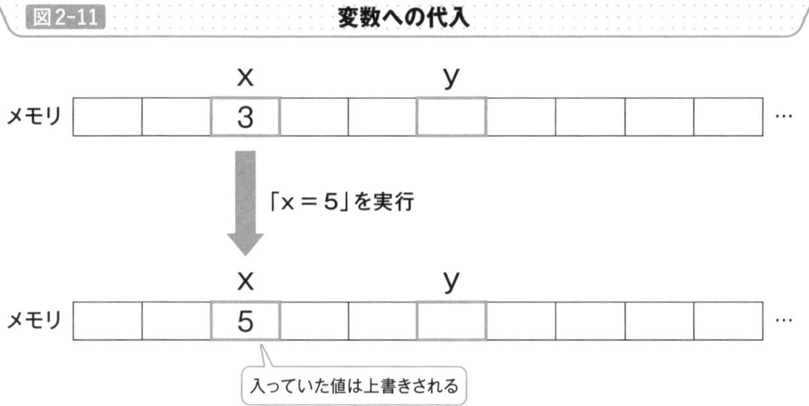

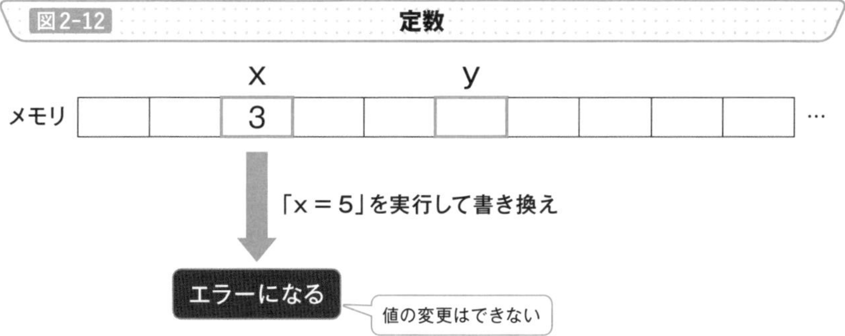

Point

- 変数を使うと、一時的に値を記録しておくことができ、格納した内容を書き換えられる
- 定数を使うと、1度格納した値を書き換えられないため、変数のように扱っても、誤って値を書き換えてしまうことを防げる

データを保管するサイズ

データの種類によって格納先の大きさが変わる

変数は格納する値によって、必要な領域の大きさが異なります。例えば、0か1の2通りしか格納されない変数のために、大きな領域を確保しても無駄で、そのような変数が増えるとメモリが不足してしまいます。

そこで、よく使われるデータの種類に応じて、格納するために十分な大きさが決められています。この大きさのことを型やデータ型といいます。

例えば、よく使われるものに整数型があります。商品の金額や個数、順位、ページ数など**私たちが普段から使うデータには整数が多く使われていますので、型が用意されています**（図2-13）。

負の数が絶対に発生しない順位やページ数などの場合には符号なしの整数型を使うことで最大値を大きくできますが、一般的には符号ありの整数型がよく使われます。

データ型を変換する

「整数型のデータを浮動小数点数のデータに変換したい」「文字列の"123"というデータを整数型の123に変換したい」というように、ある型のデータを他の型に変換することを型変換といいます（図2-14）。

プログラマが明示的に型変換を指定しなくてもコンパイラが自動的に型変換を行う場合があり、これを暗黙的型変換といいます。例えば、単精度浮動小数点数の値を倍精度浮動小数点数の変数に代入しても、値が変わることはありません。

一方、変換先の型をソースコードで指定して、強制的に型変換する方法を明示的型変換（キャスト）といいます。浮動小数点数の値を整数型の変数に代入すると、小数点以下の情報が失われてしまいますし、32ビットの整数を8ビットの整数型の変数に代入すると、収まらないため、プログラミング言語によってはキャストが必要です（図2-15）。

図2-13 **整数型で扱える数の大きさ**

サイズ	符号あり（符号つき）	符号なし
8ビット	-128～127	0～255
16ビット	-32,768～32,767	0～65,535
32ビット	-2,147,483,648～2,147,483,647	0～4,294,967,295
64ビット	-9,223,372,036,854,775,808 ～9,223,372,036,854,775,807	0～ 18,446,744,073,709,551,615

図2-14 **型変換**

図2-15 **情報が失われる例**

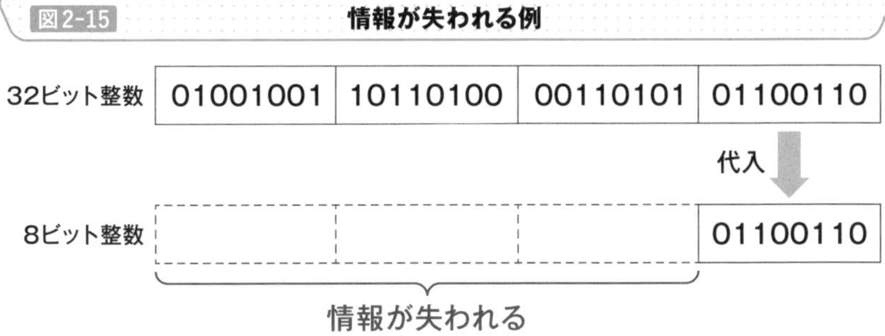

Point

- 整数型には符号ありと符号なしがあり、そのサイズによって、扱える値の大きさが異なる
- キャストにより異なる型に変換できるが、情報の一部が失われる可能性がある

連続した領域に格納する

同じ型のデータを並べる

変数はプログラムの中でいくつも用意できますが、その値を順に処理する場合、それぞれの変数を1つずつ指定するのは面倒です。そこで、変数のような箱が連続している領域を確保し、その全体に対して名前をつけるようにします（図2-16）。

このように同じ型のデータを連続的に並べたものを配列、配列の個々の領域のことを要素といいます。配列を使うことで、**複数のデータをまとめて定義できるだけでなく、それぞれの要素に番号がつきます**。多くのプログラミング言語では、先頭を0番目、次を1番目、その次を2番目、というように0番目から始めます。この番号をインデックス（添字）といい、配列の名前とインデックスを指定して個々の要素にアクセスします。

なお、事前に配列の要素数を決めて確保する配列のことを静的配列といいます。事前に要素数がわかっている場合は高速に確保できますが、想定したサイズよりも多くのデータを格納することはできません。

必要な要素数が事前にわからない場合は、実行時にその要素数を増減させる方法が使われます。これを動的配列といい、必要に応じて要素数を変えられる一方で、確保には少し時間がかかります。

配列のデメリット

配列の個々の要素には、インデックスを指定することで高速にアクセスできます。しかし、ここで配列に要素を追加するときや削除するときのことを考えてみましょう。

配列の途中に要素を追加すると、**それ以降の要素をすべて1つずつ後ろに移動する必要があります**（図2-17）。これは削除する場合も同じです。先頭から連続してアクセスできるようにするためには、後ろの要素を前に移動して詰める作業が必要になり、時間がかかるのです（図2-18）。

図2-16 配列

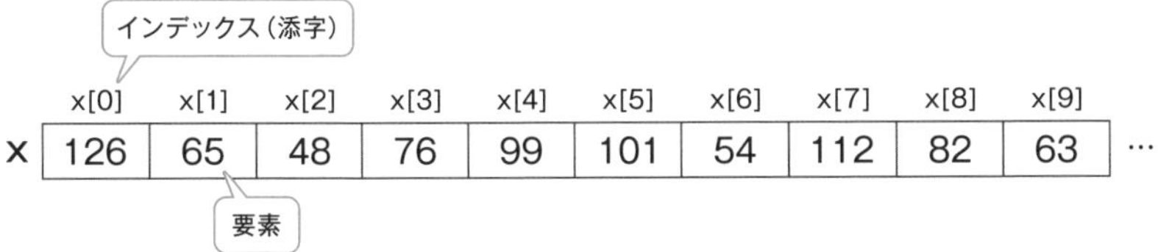

図2-17 配列への追加

図2-18 配列からの削除

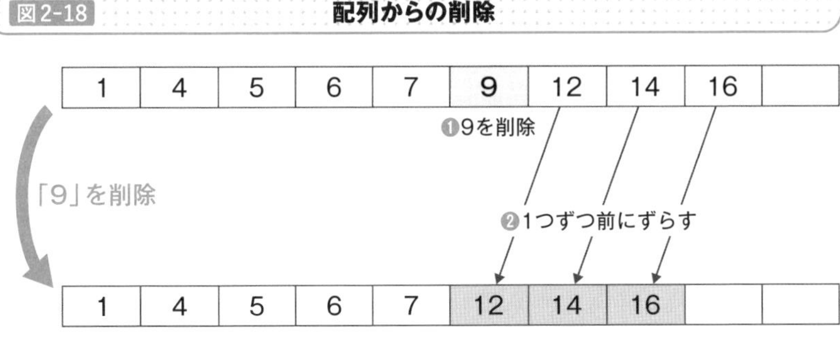

Point

- 配列を使えば複数の値をまとめて定義でき、先頭からの番号を指定して各要素に直接アクセスできる
- 配列の途中に要素を追加したり、途中の要素を削除したりする場合は、残りの要素の移動が必要なため、要素数が多いと処理に時間がかかる

人がわかりやすいように表現する

数値以外の値を指定する配列

配列ではインデックスとして先頭からの位置を数値で指定しましたが、数値ではなく場所の名前で指定できると便利です。そこで、インデックスとして文字列といった数値以外の値を指定してアクセスできる配列に連想配列があります。

図2-19のように、好きな名前をインデックスとして指定してアクセスできるため、**ソースコードを見たときにそのアクセスしている場所がわかりやすくなります。**

プログラミング言語によっては、連想配列のことを辞書やハッシュ、マップと呼ぶこともあります。

改ざんを検出するハッシュ

ハッシュはセキュリティを考えるときに、改ざんを検出するためにも使われる技術で、データから算出した小さな値のことを指します。与えられたデータに対してハッシュ関数という関数を適用することで、ハッシュ値という値が得られます。

ハッシュ関数は、**同じ入力データからは同じ出力が得られますが、異なる入力データでは出力される値ができるだけ重複しないように計算されます**。ここで、異なる入力から同じ値が出力されることを衝突といいます。この衝突をできるだけ避けるようにハッシュ関数は設計されます。

例えば、図2-20のように計算できる場合、衝突が少なければ欲しいデータをすぐに見つけられます。これが連想配列に使われる理由です。

セキュリティの用途では、入力が少し変わると出力の値が大きく変化し、衝突が発生しないことから、データのハッシュ値を調べることで同一のデータであるか判断できます。また、出力から入力を逆算することが難しい関数を利用することで、パスワードを保存するときにもハッシュ値が使われています。

図2-19 連想配列

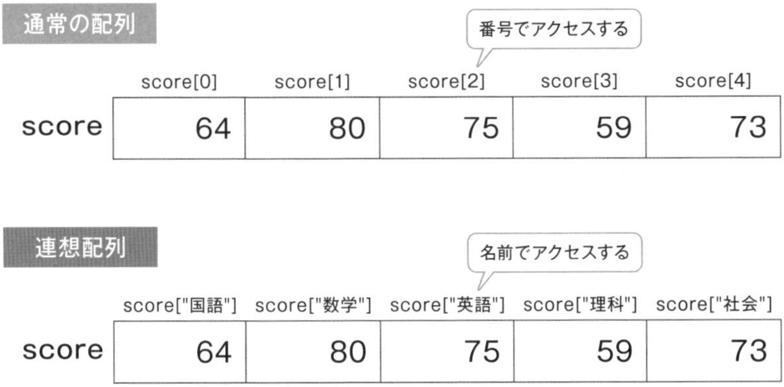
通常の配列
番号でアクセスする
score[0]
score[1]
score[2]
score[3]
score[4]
score
64
80
75
59
73
連想配列
名前でアクセスする
score["国語"]
score["数学"]
score["英語"]
score["理科"]
score["社会"]
score
64
80
75
59
73

図2-20 ハッシュ

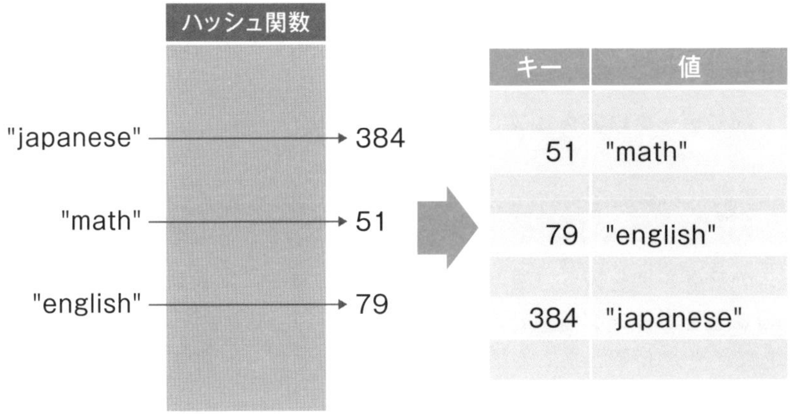
ハッシュ関数
"japanese"
384
"math"
51
"english"
79
キー
値
51
"math"
79
"english"
384
"japanese"

Point

- 連想配列を使うと、配列のインデックスとして名前を指定してアクセスできるため、ソースコードがわかりやすくなる
- ハッシュに使われるハッシュ関数は、同じ入力から同じ出力が得られ、異なる入力では出力される値ができるだけ重複しないように設計されている

データの位置を格納する

アドレスで変数がある場所を表す

変数が格納されているメモリには、その場所を表す通し番号がついており、これをアドレスといいます（図2-21）。ソースコードの中で変数を確保するように記述すると、OSによって自動的にメモリ上に割り当てられて管理されるため、一般的なプログラミング言語ではプログラマがその場所を意識する必要はありません。

例えば、整数型の変数を1つ宣言した場合、32ビットの整数であればメモリ上のある場所から4バイト分のメモリが割り当てられます。これがメモリ上のどこにあるかはプログラマが意識する必要はありませんが、メモリ上の位置がわかれば、アドレスを指定して中身を読み取ることができます。大きなデータを受け渡すときには、データそのものを渡すと時間がかかる場合でも、**そのデータが入っているアドレスだけを受け渡すことで、同じデータにアクセスできます。**

アドレスを扱うことができる特殊な変数

このアドレスを扱う方法としてポインタがあり、**アドレスを格納した変数のことをポインタ変数といいます**（図2-22）。このポインタ変数を使うことで、その位置にある変数の中身を読み取ったり、書き換えたりできるのです。

なお、配列の要素はメモリ上に連続して格納されているため、そのアドレスも連続しています。このような場合、配列の要素を操作するときにポインタを使って操作しても同じことが実現できます。

このようにポインタには便利な一面もありますが、ポインタの使い方を間違えると不具合が発生するだけでなく、セキュリティ上の問題が発生する場合があります。例えば、誤ったアドレスを指定してしまうと、処理の内容が変わってしまったり、マルウェアなどによる攻撃が可能になったりすることがあります。使うときは慎重に扱うようにしましょう。

図2-21 **アドレス**

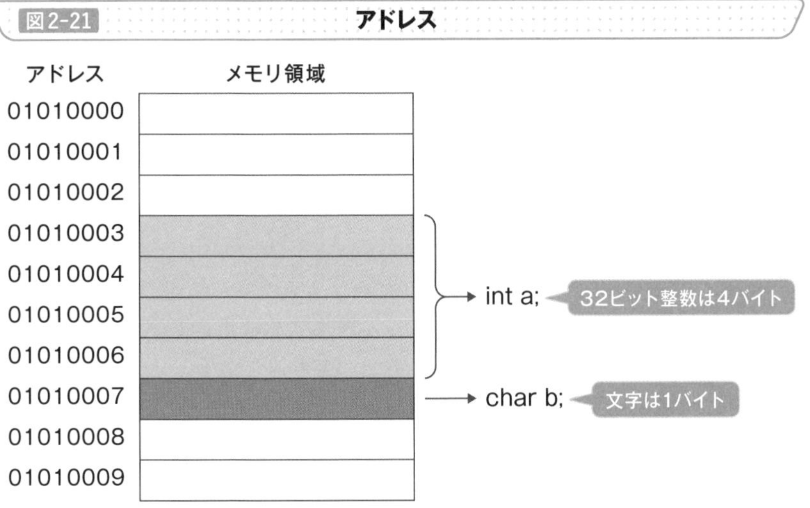

図2-22 **ポインタ**

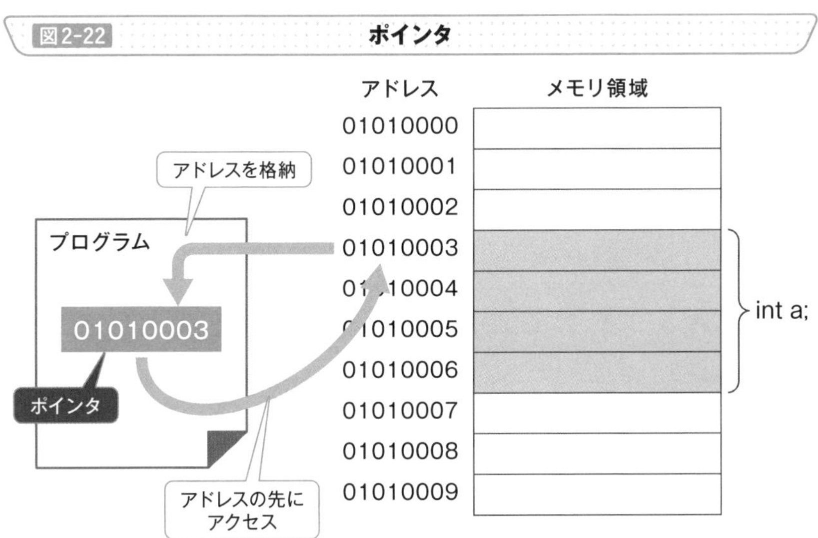

Point

- 変数が格納されているメモリの場所をアドレスという
- アドレスをプログラムから扱う方法としてポインタがある

表形式のデータを格納する

2次元のデータを扱う

メモリは1列にずっと連番の番地が割り当てられていて1次元のため、配列も1次元で考えられます。しかし、表形式のような2次元のデータを扱いたい場合には2次元配列という方法があります。

事前に行と列の数がわかっている場合は、図2-23の左上のようなイメージで考えられます。しかし、メモリは1次元なので、実際には図2-23の右下のように割り当てられています。

なお、事前に行や列の数がわかっていないときは、実行時に動的にメモリを確保する必要があります。このような場合、配列の要素として配列を指定する方法があります（図2-24）。つまり、配列の要素としてポインタを格納しておき、そのポインタが指す先を使う方法です。メモリ領域が連続するかどうかはわかりませんが、**列の数がそれぞれの行によって異なる場合でも柔軟に使用できるメリットがあります。**

いずれにしても、要素の番号を指定して、それぞれの要素にアクセスできるのです。

配列の次元を増やす

配列は2次元に限らず、3次元、4次元と増やすことができます。このように複数の次元で配列を扱う方法を一般に多次元配列といいます。この場合も、たくさんの次元があるように見えますが、実際には1次元の配列であり、「配列の配列」であることが多いものです。

なお、2次元の配列を1次元の配列として扱う方法もよく使われます（図2-25）。例えば、横方向にW個、縦方向にH個の要素がある配列xの場合、x[i][j]というインデックスを指定してアクセスするのではなく、x[i * W + j]のようにインデックスを指定してアクセスするのです。この方がメモリ効率もよく、高速にアクセスできることが多いです。

図2-23 **2次元配列**

頭の中のイメージ
x[0][0] x[0][1] x[0][2] x[0][3]
x[1][0] x[1][1] x[1][2] x[1][3]
x[2][0] x[2][1] x[2][2] x[2][3]
x[3][0] x[3][1] x[3][2] x[3][3]
x[4][0] x[4][1] x[4][2] x[4][3]
メモリ上の割り当て
x[0][0] x[0][1] x[0][2] x[0][3] x[1][0] x[1][1] x[1][2] x[1][3] x[2][0] x[2][1]
x[2][2] x[2][3] x[3][0] x[3][1] x[3][2] x[3][3] x[4][0] x[4][1] x[4][2] x[4][3]

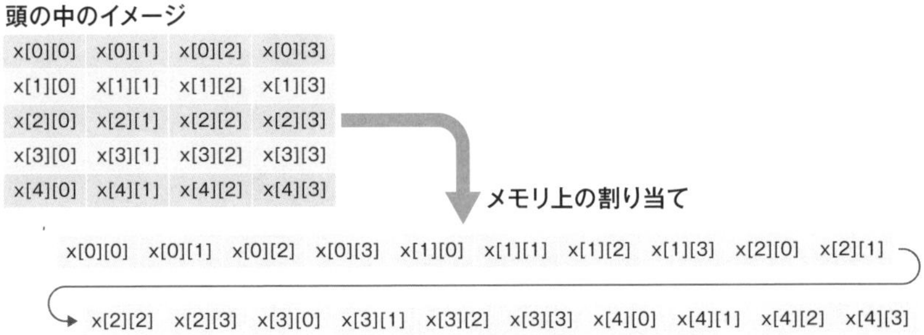

図2-24 **配列の配列**

図2-25 **1次元で表現する**

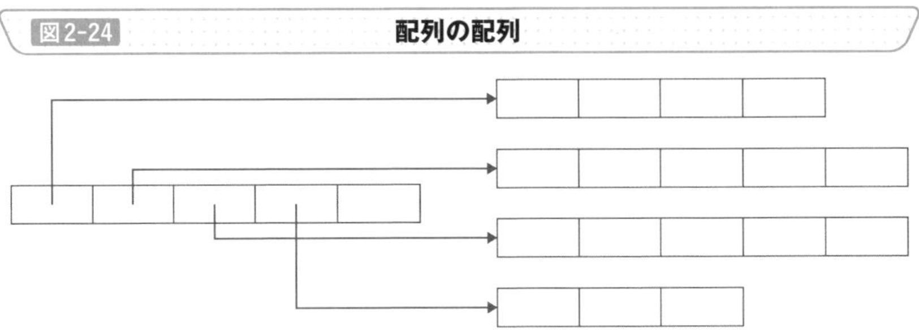

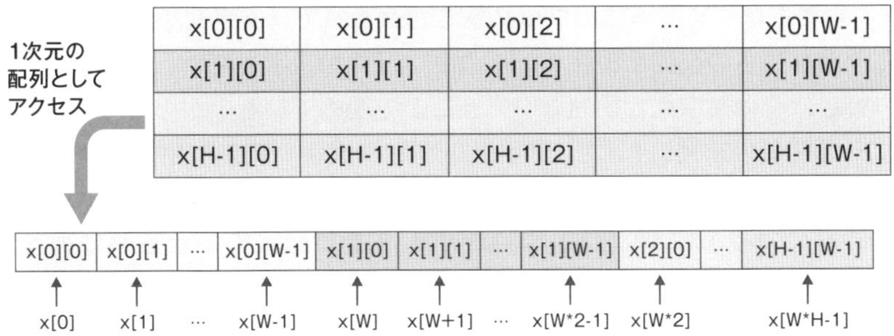

1次元の
配列として
アクセス
x[0][0] x[0][1] x[0][2] … x[0][W-1]
x[1][0] x[1][1] x[1][2] … x[1][W-1]
… … … … …
x[H-1][0] x[H-1][1] x[H-1][2] … x[H-1][W-1]
x[0][0] x[0][1] … x[0][W-1] x[1][0] x[1][1] … x[1][W-1] x[2][0] … x[H-1][W-1]
x[0] x[1] … x[W-1] x[W] x[W+1] … x[W*2-1] x[W*2] x[W*H-1]

Point

- 表形式のデータを扱いたい場合には、2次元の配列を使うこともできる
- 配列の配列を使うことで、要素数の異なる配列も扱える

単語や文章を格納する

複数の文字をまとまりとして扱う

文字は1文字ずつメモリに格納されますが、私たちが言葉を使うときに1文字ずつ扱うことはほとんどありません。一般的には単語や文章のように、連続した複数の文字の並びを扱うことが多いでしょう。

そこで、複数の文字を並べたものを文字列といいます。コンピュータで文字列を処理するときは、1文字ずつメモリに格納するのではなく、一連のまとまりを配列と同じように扱います。

そのため、配列のときと同じように**インデックスを指定することで、文字列から特定の文字を取り出すこともできます。**

プログラミング言語によっては、文字列を便利に扱うために独自の方法を用意しており、文字コードなどを意識しなくても使えるようにしているものもありますが、裏側では配列を使っていることが多いでしょう。

文字列の終わりを判断する

C言語をはじめ、多くのプログラミング言語では文字列を格納するために十分な長さの配列を確保し、その中に必要な文字を格納しています。このとき、その文字列が配列の中でどこまで埋めているのかを判定するために、文字列の末尾にNULL文字という特殊文字（終端文字）を使います(図2-26)。

これにより、プログラムで処理するときには、**先頭から順に調べてNULL文字があればそこで文字列の終わりだと判断できます。**このようにNULL文字で終わる文字列の形式を「NULL終端文字列」といい、C言語などで使われることから「C文字列」と呼ばれることもあります。

この方法では文字列の長さを調べるためには、NULL文字が入っている場所を調べる必要があります。一方で、Pascalのように先頭に文字数を格納し、その後ろに実際の文字列を配置しているプログラミング言語もあり、これらは「Pascal文字列」と呼ばれています（図2-27)。

図2-26 文字列とNULL文字

ソースコードでの代入

```
str = "apple";
```

実行時のメモリでの割り当て

	str[0]	str[1]	str[2]	str[3]	str[4]	str[5]	str[6]	str[7]	str[8]	str[9]
str	a	p	p	l	e	\0 (NULL)				

終端文字

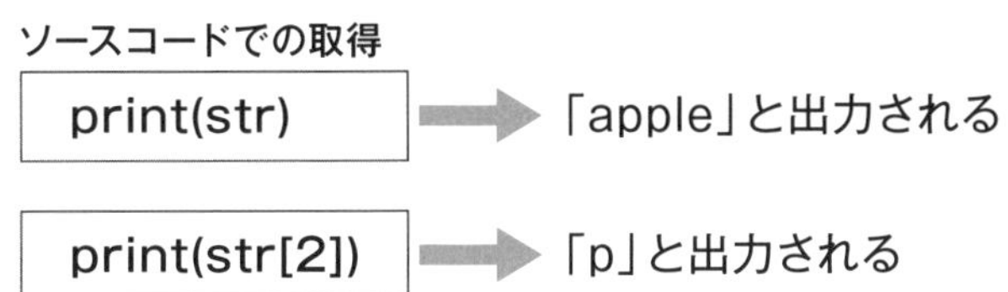

図2-27 Pascal文字列

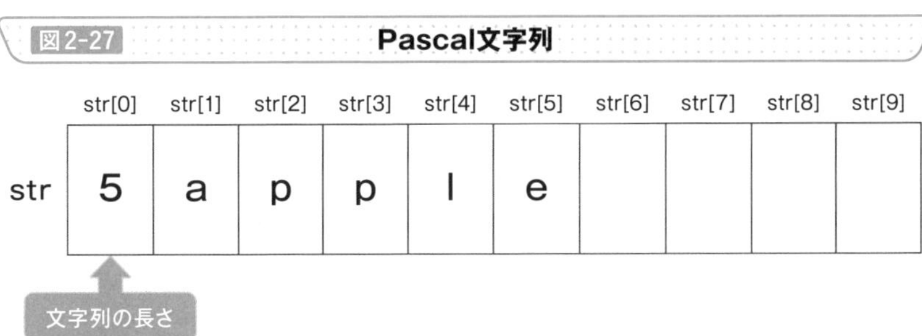

Point

- 文字列をメモリ上に保存するとき、配列を使って1文字ずつ格納する方法がよく用いられる
- 文字列の終わりを判断するため、NULL文字という特殊文字が使われる

複雑なデータ構造を表現する

関連する項目をまとめて扱う

配列では同じ型のデータしか扱えませんが、関連する複数の項目はまとめて扱いたいものです。このとき、**異なる型でも配列のように1つの変数として扱う方法**として構造体があります。構造体では、複数の項目をまとめた型を定義できます（図2-28）。

例として、ある学校で生徒の成績を処理したい場合を考えてみましょう。このとき、生徒の名前を格納する配列と、テストの点数を格納する配列を用意する方法があります。しかし、それらを別々の配列として管理するのではなく、1人の生徒の成績を1つのデータとしてまとめて管理できると便利です。

ここで、生徒の名前と点数をまとめた型を定義できるのが構造体を使うメリットです。まとめた変数として定義できるだけでなく、この構造体の配列を作ることもできるので、複数の生徒の成績も配列で管理できます。

特定の値を格納する

整数型を使うと多くの値を表現できますが、実際にはそれほど多くの値が必要ない場合もあります。例えば、曜日を数値で扱うとき、日曜日を0、月曜日を1、……、土曜日を6と割り当てると、7種類の値が扱えれば十分なのに、32ビットの整数型の変数を割り当ててしまうのは無駄です。

しかも、曜日を表す変数に代入される値は0から6の範囲にある整数だけで、他の値が代入されることはありません。しかし、整数型にしてしまうと、10や100といった値を代入しようとしてもエラーにならず、あとで不具合に悩まされるかもしれません。また、火曜日を「2」と決めても、その数値を見ただけではそれが何曜日なのか直感的に理解できません。

そこで、特定の値だけ格納できる列挙型を使います（図2-29）。代入される値が見た目にもわかりやすく、実装時のミスを減らせるだけでなく、**他の人がソースコードを読むときにもスムーズに理解できます。**

図2-28 構造体

単純な配列の場合

	名前	国語	数学	英語
0	伊藤	80	62	72
1	佐藤	65	78	80
2	鈴木	72	69	58
3	高橋	68	85	64
4	田中	86	57	69
5	中村	59	77	79
6	山田	90	61	83

構造体を使った配列の場合

名前	国語	数学	英語
伊藤	80	62	72
佐藤	65	78	80
鈴木	72	69	58
高橋	68	85	64
田中	86	57	69
中村	59	77	79
山田	90	61	83

行単位で1つのデータにアクセス

図2-29 列挙型

Week

名前	値
Sunday	0
Monday	1
Tuesday	2
Wednesday	3
Thursday	4
Friday	5
Saturday	6

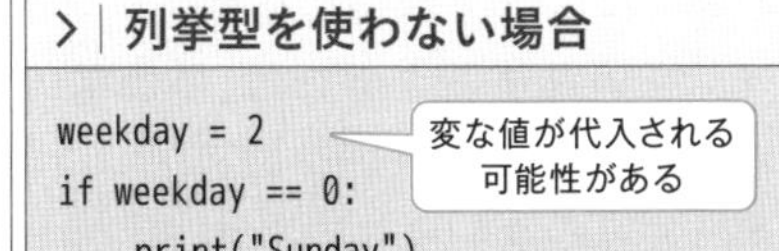

> 列挙型を使わない場合

```
weekday = 2
if weekday == 0:
    print("Sunday")
```

変な値が代入される可能性がある

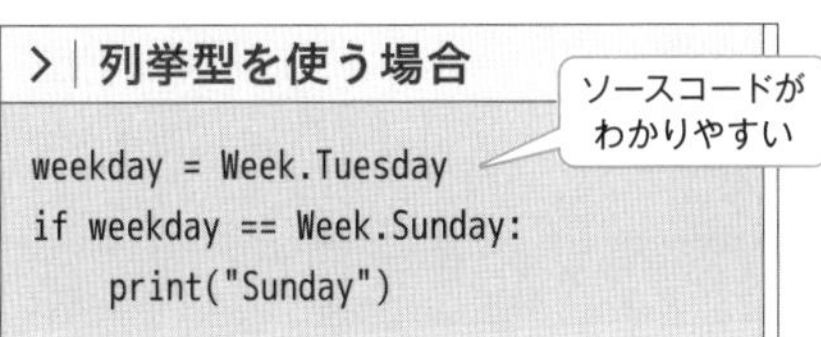

> 列挙型を使う場合

```
weekday = Week.Tuesday
if weekday == Week.Sunday:
    print("Sunday")
```

ソースコードがわかりやすい

Point

- 異なる型のデータを1つの変数として扱える方法として構造体がある
- 構造体の配列を使えば、異なる型のデータが複数ある場合も、1つにまとめて管理できる
- ある型が取り得る値を指定する方法として列挙型があり、実装時のミスを減らせるだけでなくソースコードが読みやすくなるメリットがある

一列に並べる形式

追加や削除を高速に実行できる連結リスト

配列では、メモリ上に連続した領域を確保し、その要素の位置を指定することで任意の要素にアクセスできました。便利なデータ構造ではありますが、データを途中に追加するには、その位置よりも後ろにあるデータを1つずつ後ろにずらす必要があります。また、途中のデータを削除すると、既存のデータを前に移動して詰める処理が必要でした。

データ量が多くなると、この移動処理に時間がかかるため、データ構造を工夫したものが連結リスト（単方向リスト）です。連結リストでは、データの内容に加えて、**「次のデータの場所」を示す値を保持しておき、データを次々につなぐ構造になっています**（図2-30）。

データを追加するときには、「直前のデータが持つ、次のデータのアドレス」を、追加するデータのアドレスに変更し、「追加するデータの次のデータのアドレス」を、直前のデータが指していたアドレスに付け替えます（図2-31）。削除するときも、削除するデータの直前のデータが持つ「次のデータのアドレス」を変更します（図2-32）。

これにより、どれだけデータが多くても、次のデータのアドレスを付け替えるだけで済むので、配列よりも高速に処理できます。

連結リストのデメリット

追加や削除については高速に処理できる一方で、特定の要素にアクセスするには、配列のようにインデックスを指定することはできません。先頭から順番にたどる必要があるため、データ数が増えると処理に時間がかかる可能性があります。

また、**配列と比較してメモリを多く消費する**こともデメリットです。配列であれば、各要素の分だけメモリを確保すればよいのですが、連結リストでは要素の値に加えて、次の要素のアドレスを格納する領域も必要だからです。

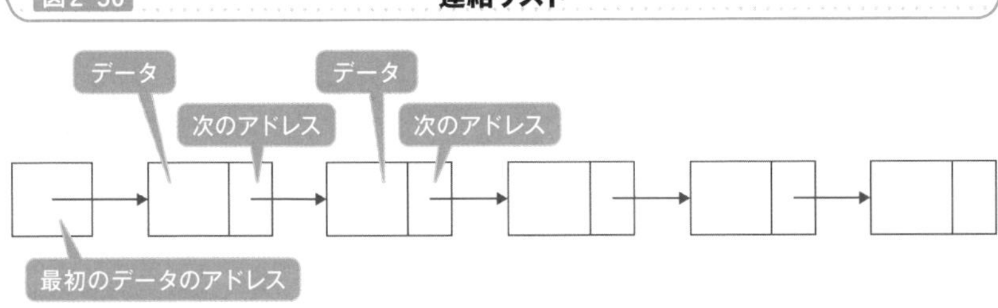

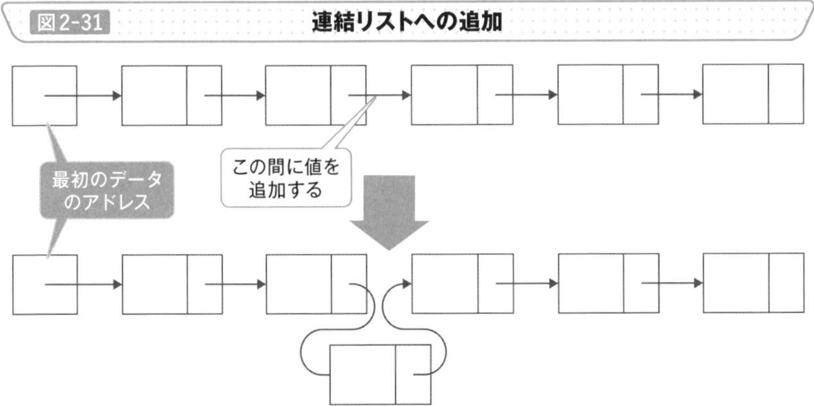

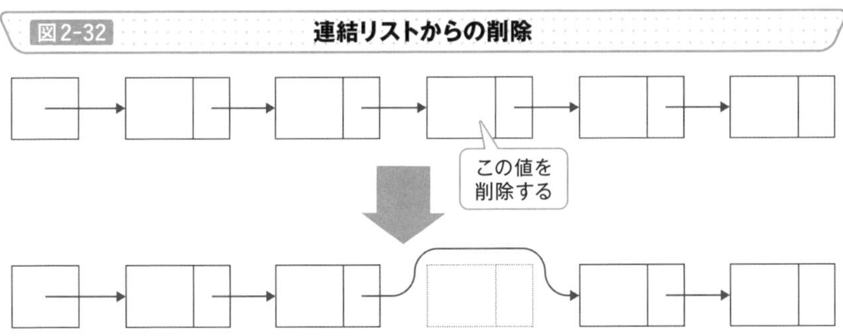

Point

- データを前からたどるデータ構造として連結リストがある
- 連結リストでは途中のデータの追加や削除にかかる時間が配列よりも短いというメリットがある

双方向につなげる形式

最初からたどる必要がない双方向リスト

1方向の連結リストでは次のデータのアドレスを保持しているだけなので、逆方向にアクセスすることはできません。つまり、連結リストを後ろから順にたどることはできないのです。欲しいデータが現在の1つ前の位置にあったとしても、その連結リストの最初から順にたどる必要があります。

そこで、直前のデータのアドレスも保持しておくデータ構造として双方向リストがあります（図2-33）。これにより、1つ前の位置に戻ることができ、便利に使える場合もあるでしょう。

挿入や削除については、連結リストと同じようにアドレスを書き換えるだけで実現できます。ただし、挿入や削除の処理において書き換えなければならないアドレスが増えているため、メモリも多く消費しますし、処理速度の面でのデメリットもあります。

メリットとして、連結リストでは要素を削除するときに手前の要素の位置を事前に調べる必要がありましたが、双方向のリストでは**現在の要素から前後の要素を調べられるので、他の要素の位置を調べておく必要がない**ことが挙げられます。

循環してデータを探索できる環状リスト

連結リストや双方向リストの末尾のデータに、先頭のデータのアドレスを格納することで、最後までたどったあとで再度先頭から探索できるようにしたデータ構造を環状リスト（循環リスト）といいます（図2-34）。

環状リストの場合、リストを途中からたどり始めても、すべての要素を調べて最初の位置まで戻ってくることができます。つまり、**最初に調べたものと同じものが出てきたら1周したと判断して探索を終了**します。

その他の、挿入や削除といった操作は連結リストや双方向リストと同じように実装できます。

図2-33 双方向リスト

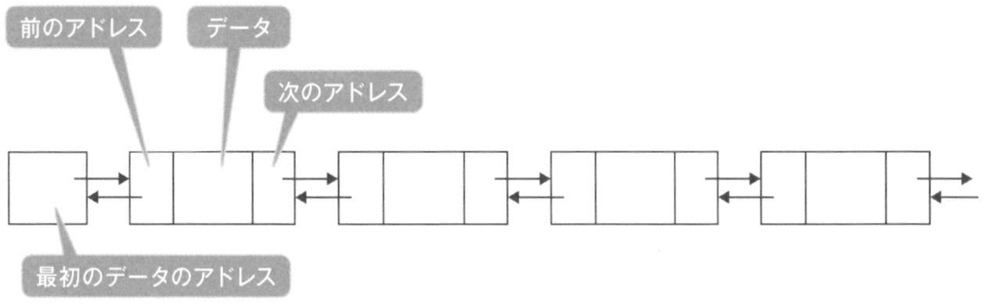

図2-34 環状リスト（循環リスト）

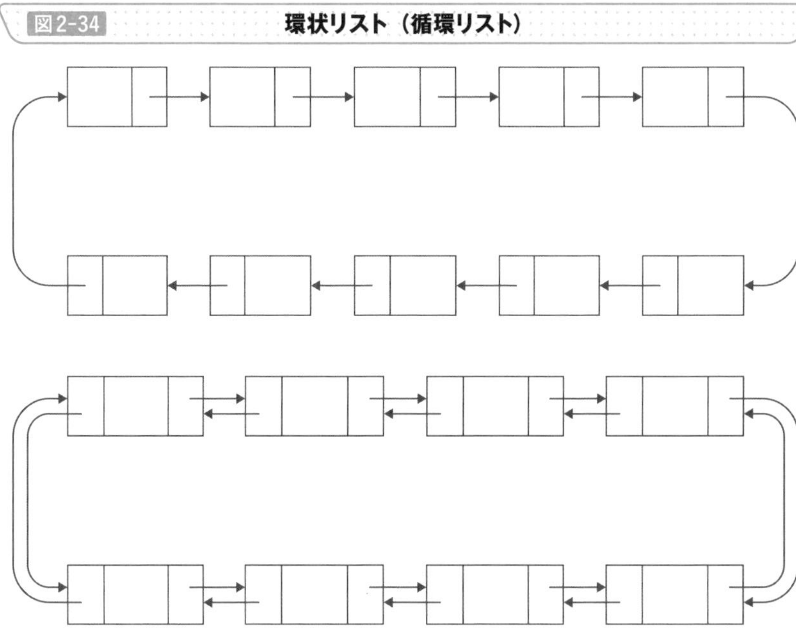

Point

- 連結リストを逆方向にもたどれるように、直前のデータのアドレスも保持しておくデータ構造として双方向リストがある
- 連結リストや双方向リストの末尾を先頭に連結したリストを環状リストや循環リストという

分岐した構造で保存する

つながりのある木のようなデータ構造

データを保存するときには、配列や連結リスト以外にも、さまざまなデータ構造が考えられています。その中でも、フォルダの構成のように、樹木が天地を逆にした形につながっていく構造を木構造といいます。

木構造は図2-35のようにデータがつながったデータ構造で、○の部分を節点（ノード）、各節点を結ぶ線を枝（エッジ、辺）、頂点の節点を根（ルート）、一番下の節点を葉（リーフ）といいます。

また、枝の上にある節点を親、下にある節点を子といいます。さらに、「子の子」のことを孫といい、子の先に延びるものをまとめて子孫ということもあります。

つまり、**上から下に木が伸びていくイメージ**です。この関係は相対的なものなので、ある節点は他の節点の子であると同時に、また別の節点の親である場合もあります。根には親はなく、葉には子がありません。

子の数が2つ以下の木構造

木構造の中でも、節点が持つ子の数が2つ以下のものを２分木といいます。例えば、図2-36の左が2分木です。

2分木の中でも、図2-36右のように、すべての葉が同じ深さを持ち、葉以外のすべての節点について、子の数が2つの2分木を完全２分木と呼びます。

完全2分木の場合、図2-37のように1次元の配列で表現できるため便利です。根のインデックスを0とした場合、左の子の場合は現在の要素のインデックスを2倍して1を足す、右の子の場合は現在の要素のインデックスを2倍して2を足してアクセスできます。同様に、親のインデックスを調べる場合には、**現在の要素のインデックスから1を引いて2で割った商で求められます**。

図2-35 木構造

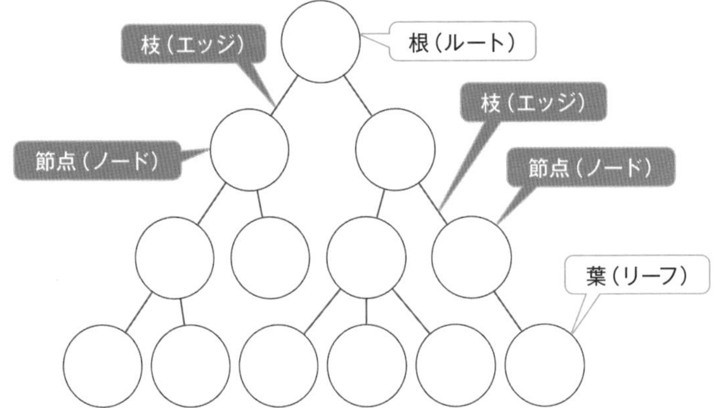

図2-36 2分木

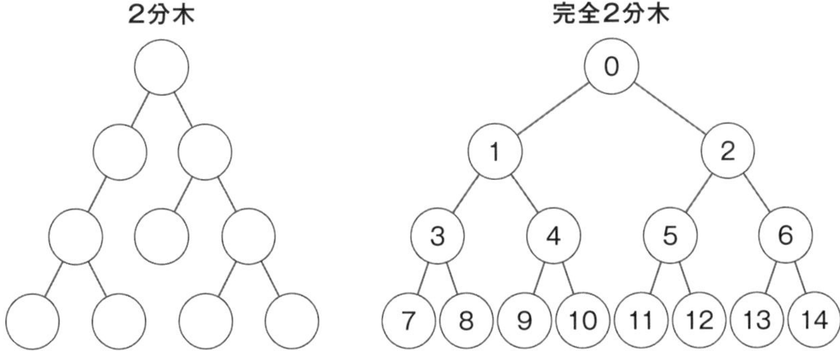

図2-37 完全2分木の配列での表現

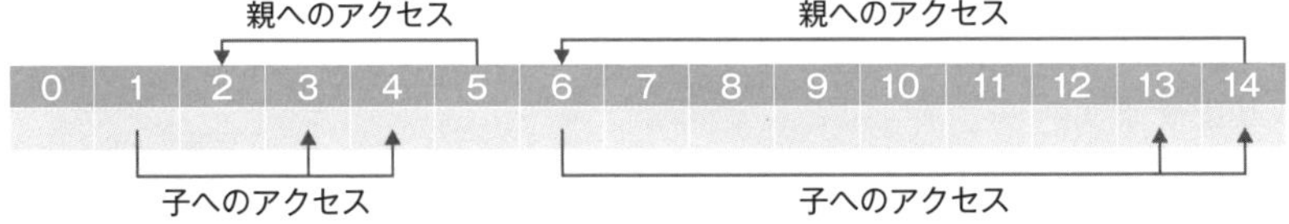

Point

- 階層的なデータ構造を表現するときには木構造が使える
- 完全2分木の場合は、1次元の配列で表現できる

条件を満たす木構造

節点の値に制約があるヒープ

木構造で構成され、**子の値が親の値よりも常に大きいか等しいという制約**があるもの（常に小さいか等しいという制約の場合もある）をヒープといいます。その中でも、それぞれの節点が最大で2つの子を持つものを2分ヒープといいます。

データは木構造のできるだけ上、左に詰めて構成され、子の間では大小関係に制約はありません（図2-38）。

ヒープへの要素の追加

ヒープに要素を追加する場合、**木構造の最後に追加**します。追加したあとで、追加した要素と親の要素を比較し、親よりも小さければ親と交換します。もし親の方が小さければ、交換せず終了します。

例えば、図2-39の左側のヒープに「4」という要素を追加するとき、図2-39のように入れ替えが行われ、入れ替えが発生しなくなった段階で処理が終了します。

ヒープからの要素の削除

ヒープから要素を取り出すことを考えてみます。ヒープでは、最小値が必ず根にあるため、最小値を取り出す場合は根だけを見ればよく、高速に取り出せます。

しかし、根を取り出すとヒープが崩れてしまうため、再構成が必要になります。再構成するには、最後の要素を一番上に移動します。移動すると、親子の大小関係が変わってしまうため、親よりも子の方が小さい場合は交換します。このとき、左右を比べて小さい方と入れ替えることにします（図2-40）。この作業を親子での入れ替えが発生しなくなるまで繰り返すことで、ヒープを再構成します。

図2-38 ヒープ

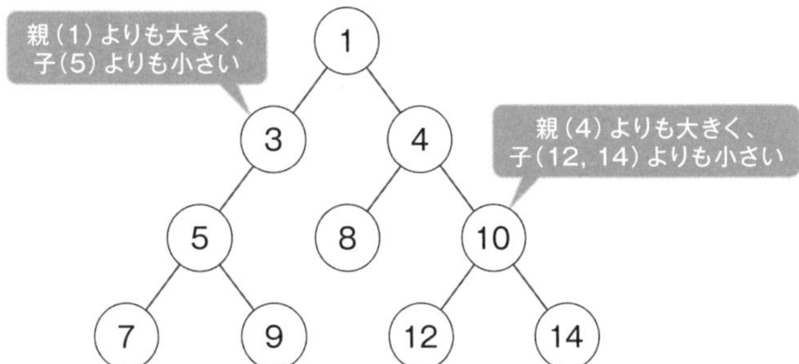

図2-39 ヒープへの要素の追加

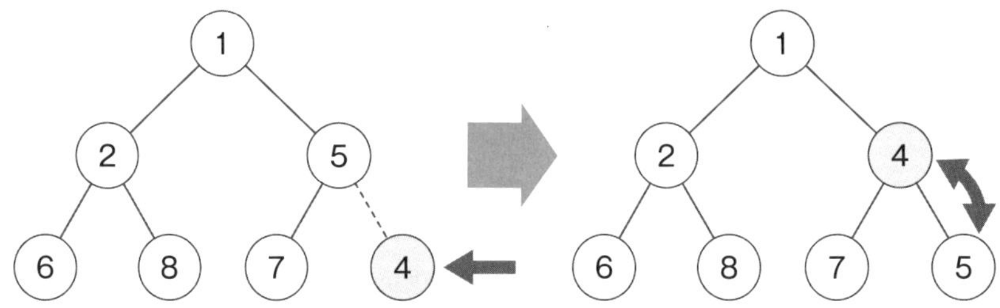

図2-40 ヒープからの要素の削除

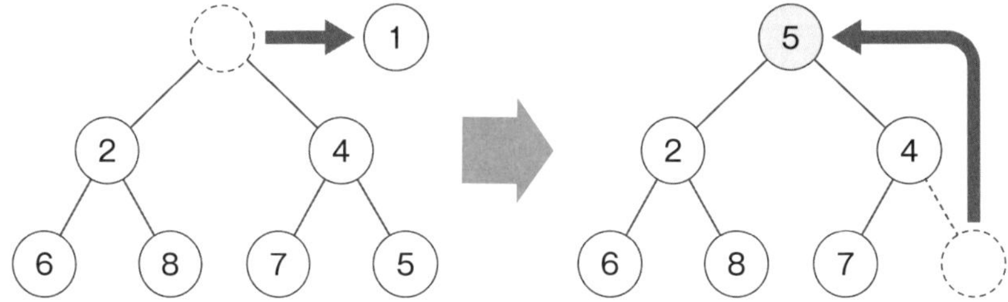

Point

- 子の値が親の値よりも常に大きいか等しいという関係がある木構造をヒープという
- ヒープに要素を追加したり削除したりする場合は、ヒープの条件を満たすように入れ替えを行う

探索に向いたデータ構造

比較することで目的のデータを探す2分探索木

大量のデータから目的のデータを探すものの身近な例として辞書や電話帳があります。辞書には多くの単語が掲載されていますが、前から順番に探す必要はありません。その理由は、掲載されている単語が五十音順に並んでおり、ページを開いたときにそこに掲載されている単語より前か後ろかを判断して探せるためです（図2-41）。

プログラムで探索する場合にもこの考え方が使えます。つまり、**あるデータと比較して、探したいデータがそれより小さいかどうかを判断すればよい**ということです。これを木構造で考えてみると、図2-42のような構造が考えられ、これを**2分探索木**といいます。

2分探索木は2分木の中でも、すべての節点について「左の子＜現在の節点＜右の子」という関係が成り立つものです。これにより、現在の節点から左の子孫はすべて現在の節点より小さい値が格納され、右の子孫はすべて現在の節点より大きな値が格納されていることになります。

左右の節点のバランスが処理速度を決める

探索したい場合は根から始めて、目的の値と比較します。もし目的の値の方が小さい場合は左の子に、目的の値の方が大きい場合は右の子に移動して、同じように比較を繰り返します。

シンプルでわかりやすい一方で、**左右の節点の数に差があると、処理に時間がかかる可能性があります**。もし一方にすべての節点が偏っていれば、全部調べる必要があるからです。

そこで、木構造において、左右の節点で数のバランスが取れている木のことを**平衡木**（バランス木）といいます。平衡木では、根からすべての葉までの経路の長さが等しくなります（図2-43）。

図2-41 **辞書の探し方**

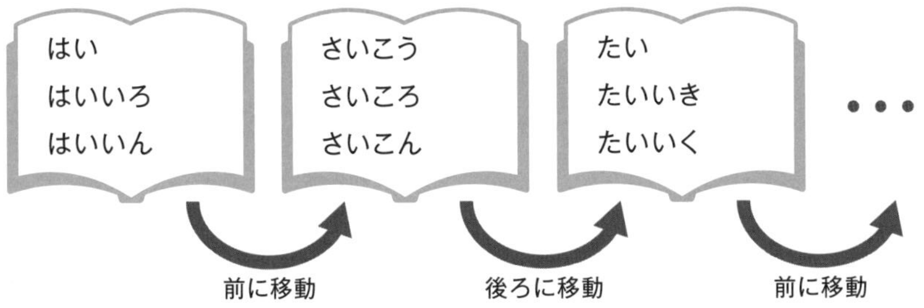

図2-42 **2分探索木**

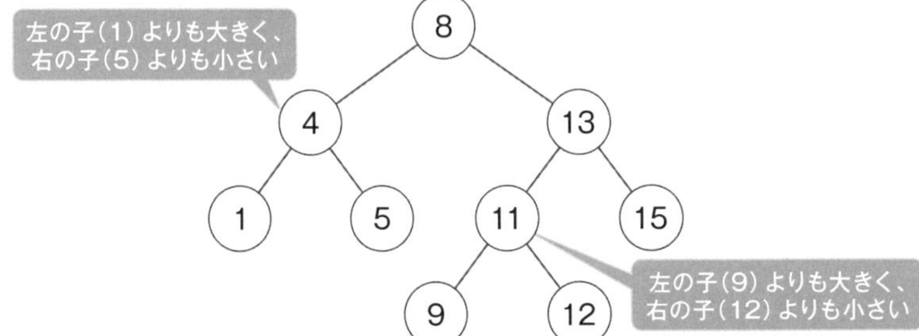

図2-43 **平衡木**

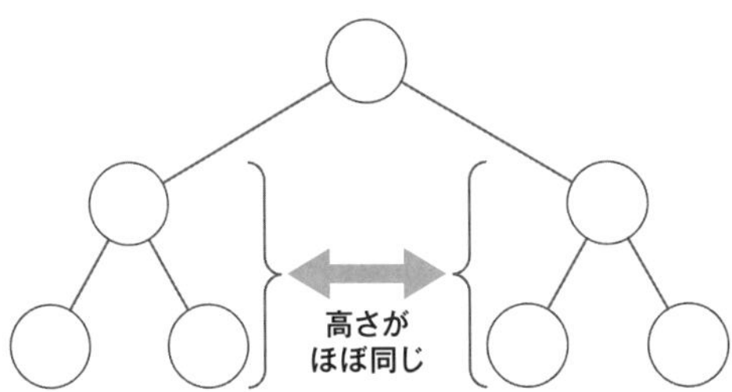

Point

- 左右の子で値が大きいか小さいかを判断して探索できる木構造として2分探索木がある
- 左右の節点で数のバランスが取れている木を平衡木という

バランスのよい木構造

探索しやすいようにバランスを取るB木

平衡木の中でも、節点に複数のキーを格納し、そのキーに基づいて子に振り分けられるものとしてB木があります。例えば、図2-44のような木構造が該当します。これにより、探索する場合は**そのキーのどこに位置するのかをたどるだけで目的の値を見つけられます。**

図2-44のB木は「2次のB木」と呼ばれ、各節点は最大で4個のキーを保持できます。一般に、「k次のB木」では、各節点で2×k個のキーを保持できます。

このキーはソートされていて、キーがいっぱいになると節点を分割し、子を作成します。B木は平衡木なので、分割するときには葉が同じレベルになるようにします。

例えば、「18, 9, 20, 12, 15」という順でデータを格納することを考えましょう。最初の4つまでは、1つ目の節点で格納できます。しかし、5つ目の15を格納しようとするとあふれるため、ここで節点を分割し、中央の値を親に入れ、他を子に格納します。これでバランスが取れることがわかります（図2-45）。

B木を高速化した改良版

B木の改良版の木構造にB＋木やB*木などがあり、ファイルシステムやDBMS（データベース管理システム）などで多く使われています。B+木ではデータが葉のみに格納されており、葉と葉を結ぶポインタが用意されていることが特徴です（図2-46）。

これにより、特定のデータを検索するときにはB木のように使えますし、データだけをたどることもできるようになっています。つまり、**すべてのデータが必要になっても親をたどる必要がなく、検索や挿入、削除、一覧の表示などを高速に処理できる**のです。

図2-44 **B木**

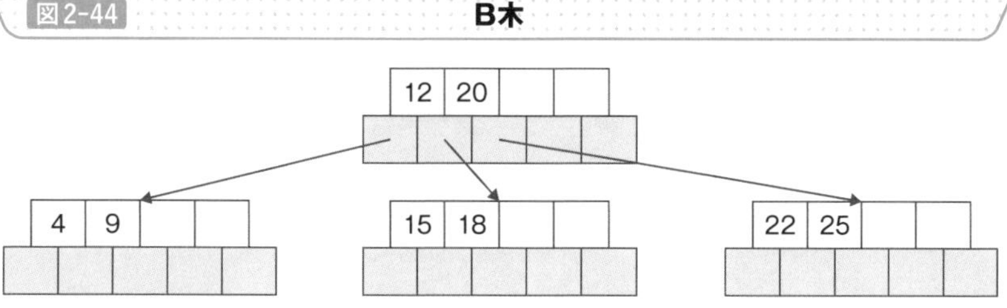

図2-45 **B木への要素の追加**

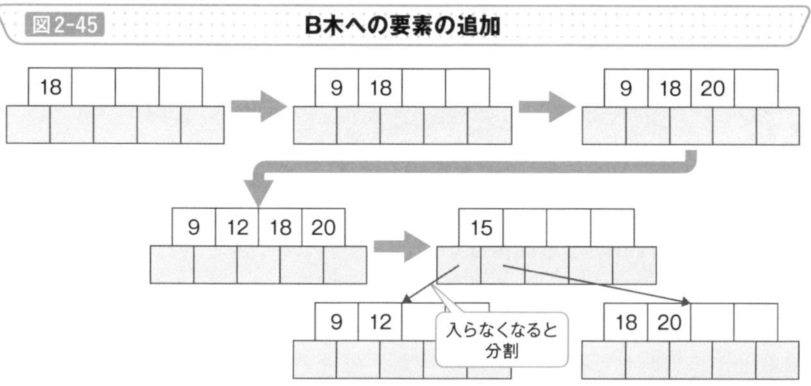

図2-46 **B+木**

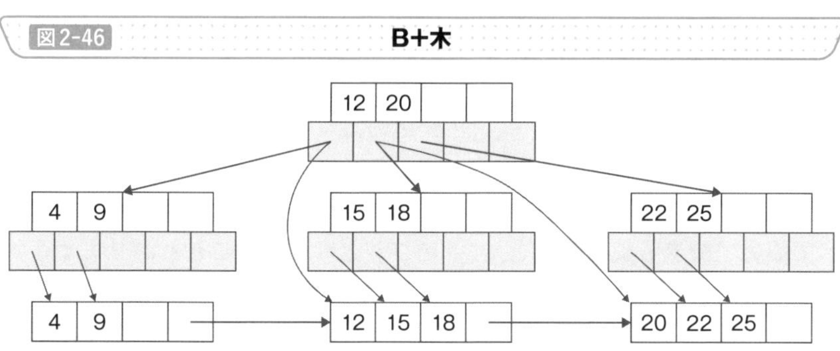

Point

- 節点に複数のキーを格納して子を探索できる平衡木としてB木がある
- B木を改良したものとして、B＋木などがあり、さまざまなシステムで使われている

順序のないデータを格納する

順番や位置を意識しないで済むデータ構造

配列では、同じデータが複数格納されていても問題ありませんし、その並んでいる順番に意味があります。しかし、ビジネスの現場ではデータの重複が許されないことは珍しくありませんし、データの順番や位置はあまり関係なく、データが存在するかどうかがわかればよい場合も考えられます。

このようなときに便利なデータ構造として集合（セット）があります(図2-47)。数学で使われる集合の考え方と同様に、**重複した要素が存在せず、格納される順序も関係ないもの**です。このため、すでに存在している要素と同じ要素を追加すると無視もしくは上書きされます。

PythonやRubyなどのプログラミング言語では集合を扱うデータ構造が標準で用意されていますが、他の言語ではライブラリとして読み込むことが必要な場合もあります。

集合ならではの計算方法

集合を使うメリットとして、図2-48のような集合演算を使えることが挙げられます。

和集合は、与えられた集合のうち、**少なくとも1つに含まれる要素をすべて集めてできる集合のこと**で、「結び」と呼ばれることもあります。共通部分は、与えられた集合のいずれにも含まれる要素を集めてできる集合のことで、「交わり」と呼ばれることもあります。差集合は、**ある集合の中から、もう一方に含まれる要素を取り除いてできる集合のこと**です。

これらを使うことで、複数の中から重複するものを除外して結合する、複数に共通するものを抜き出す、といった作業が必要な場合に、配列などで扱うよりも集合を使う方が簡潔でわかりやすいソースコードを書けます。また、プログラミング言語やライブラリに集合演算が用意されていると、不具合を作り込みにくいというメリットもあります。

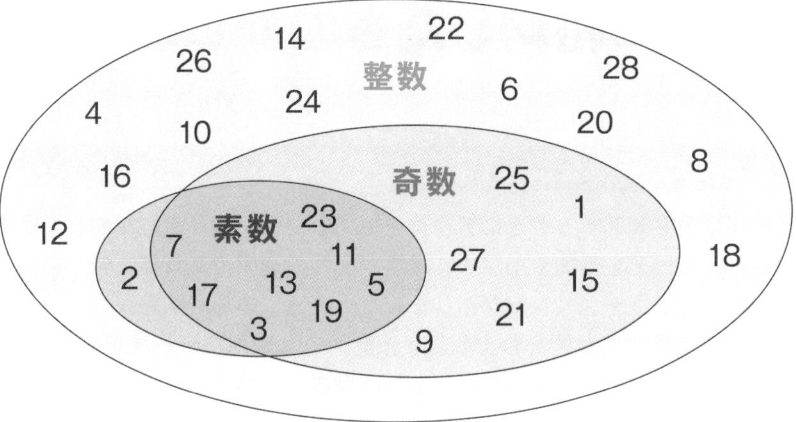

図2-48 **集合演算**

集合 A：{1, 2, 3, 4, 5}、集合 B：{2, 3, 5, 7, 11}のとき

集合演算	イメージ	結果
和集合（A＋B） （結び）	A B	{1, 2, 3, 4, 5, 7, 11}
共通部分（A&B） （交わり）	A B	{2, 3, 5}
差集合（A−B）	A B	{1, 4}

Point

- 集合を使えば、重複した要素が存在せず、格納される順番も意識する必要がない
- 集合を使うことで、集合演算により簡潔なソースコードが書ける場合がある

最後に格納したものから取り出す

末尾のデータを使って高速に処理する

配列にアクセスするときにデータを格納したり、取り出したりしようとすると、データを追加や削除する場所が配列の途中であれば、処理時間が増加するというデメリットがありました。高速に追加や削除が可能な連結リストを使う方法も紹介しましたが、配列でも**末尾にデータを追加する、末尾からデータを削除するだけであれば高速に処理できます**。そこで、配列の末尾を使うことで、できるだけ要素を移動せずにデータを追加したり削除したりするデータ構造を考えてみましょう。

最後に格納したデータを最初に取り出すデータ構造を**スタック**といいます（図2-49）。英語で「積み上げる」という意味で、箱にものを積み上げ、上から順に取り出すイメージです。最後に格納したデータを最初に取り出すので、「**LIFO**（Last In First Out）」「後入れ先出し」とも呼ばれます。

スタックは関数の呼び出しや、**4-6**で解説する「深さ優先探索」でもよく使われるデータ構造です。Webブラウザで戻るボタンを使う場合のように順に戻れれば十分で、いくつかのページを行ったり来たりしない場合にも便利なデータ構造です。

追加するデータを入れる場所や削除するデータの場所がわかるので、データの追加や削除を高速に処理できます。なお、スタックにデータを格納することを**プッシュ**、取り出すことを**ポップ**といいます。

配列でスタックを表現する

プログラミング言語でスタックを実現する場合、配列を使うことが一般的です。配列の最後の要素が格納されている位置を記憶しておき、その後ろに要素を追加、またはその要素を削除するのです（図2-50）。そして、追加した場合は、最後の要素が格納されている位置の値を1つ増やし、削除した場合は、その位置の値を1つ減らします。

図2-49 スタック

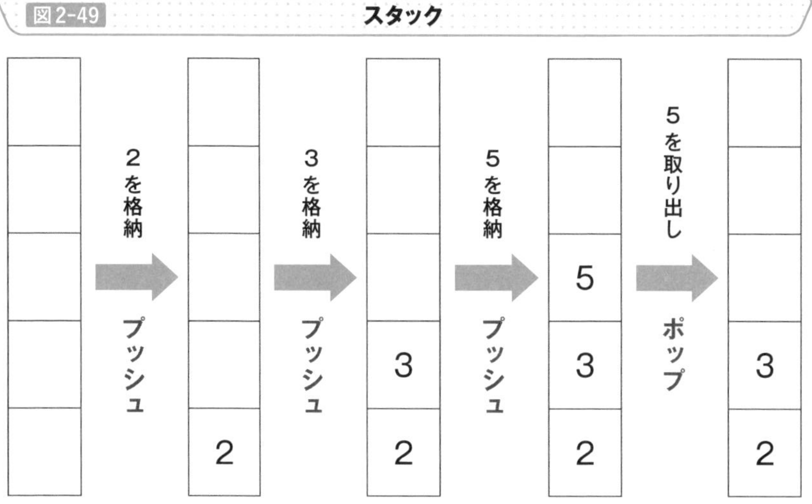

図2-50 配列でのスタックの表現

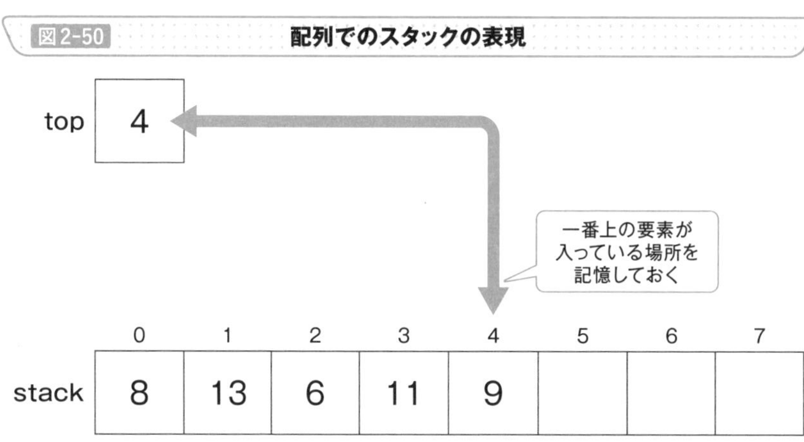

Point

- 最後に格納したデータを最初に取り出すデータ構造をスタックという
- スタックにデータを入れることをプッシュ、スタックから取り出すことをポップという
- スタックは関数の呼び出しや深さ優先探索、Webブラウザでの履歴管理など多くの場面で使われている

保存した順番で取り出す形式

最初から順番にデータを取り出す

格納した順にデータを取り出していく構造をキューといいます（図2-51)。英語では「列を作る」という意味があり、ビリヤードで玉を打ち出すように、片側から追加されたデータは、反対側から取り出されます。最初に格納したデータを一番に取り出すので、「FIFO（First In First Out)」「先入れ先出し」とも呼ばれます。

キューは**4-5**で解説する幅優先探索でよく使われるだけでなく、予約システムなどでのキャンセル待ちや、印刷の順番制御などで使われます。つまり、**最初に申し込みなどがあったものから優先して処理したいときに便利なデータ構造**です。

なお、キューにデータを格納することをエンキュー、取り出すことをデキューといいます。

配列でキューを実現する

キューの場合もスタックと同様に配列で実装できます。先頭の要素がある位置と、最後の要素がある位置を記憶しておきます（図2-52)。データを追加する場合は最後の要素がある位置に続けて登録し、削除する場合は先頭の要素がある位置から取り出します。

この追加と削除を繰り返すと、配列の最後に到達してしまう場合があります。つまり、**配列が埋まっていなくても、それ以上追加や削除ができなくなってしまう**のです。

このときは、環状リスト（**2-14**参照）と同じように、キューとして用意した配列において、最後の要素の次に配列の先頭の要素をつないだ環（リング）とみなします。末尾の要素の位置が配列の最後に到達した場合は配列の最初から順に使用するのです。これで、追加や削除を何度繰り返しても、配列の要素数を超えない限りはデータをキューに格納できます。

図2-51 キュー

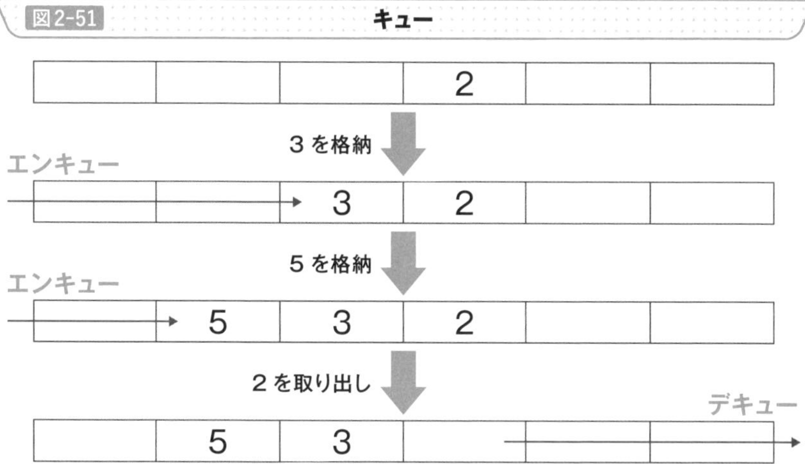

図2-52 配列でのキューの表現

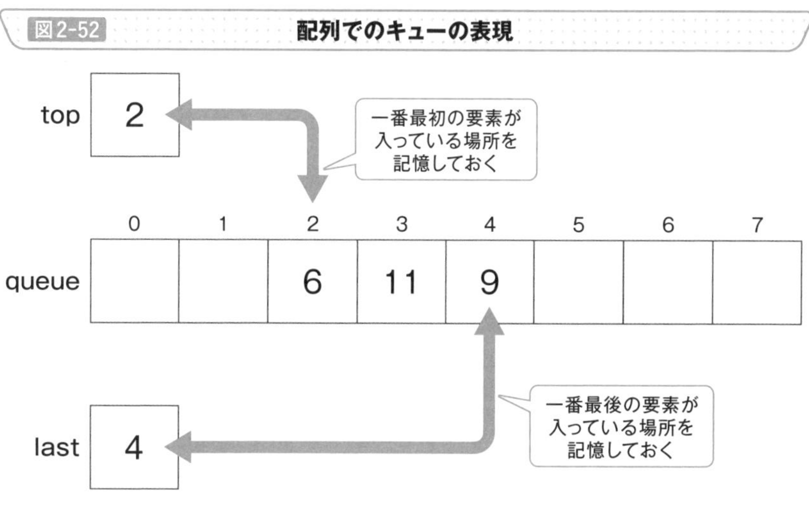

Point

- 最初に格納したデータを最初に取り出すデータ構造をキューという
- キューにデータを入れることをエンキュー、キューから取り出すことをデキューという
- キューは幅優先探索や予約システムでのキャンセル待ちなど多くの場面で使われている

仮想メモリのページングアルゴリズム

使われていないものを判断する

プログラム中で変数を扱う場合、配列などの要素数を増やせばどこまでもデータを格納できますが、複数のプログラムを起動したり、巨大なプログラムを実行したりすると、メモリが足りなくなることが考えられます。

このため、OSは物理的なメモリの量よりも多くの場所を使えるようにしています。そして、**メモリの中であまり使われていないものをハードディスクなどに一時的に退避して見かけ上のメモリ容量を増やしています。**これを仮想メモリといいます（図2-53）。

ここで、「あまり使われていないもの」をどうやって判断するかを考えるのがページングアルゴリズムです。わかりやすい方法として、前ページのキューで解説したFIFOがあります。最初に入れたものを最初に取り出す方法で、古いものから順に退避していく考え方です。

使われている回数が少ないものを退避させる

FIFOはシンプルな考え方ですが、何度も使われる変数であっても、最初に入れたものからどんどん退避されてしまいます。そんなときには利用された回数を記録しておく方法を使います。

変数が利用されるたびにカウントしておき、利用された回数がもっとも少ないものを取り出して退避する手法としてLFU（Least Frequently Used）があります（図2-54）。

最近使われていないものを退避させる

1度使われたものがもう1度使われやすいと考えると、最近使ったものは残しておきたいものです。そこで、最後に使われてからもっとも時間が経過している、最近使われていないものを取り出して退避する手法としてLRU（Least Recently Used）があります（図2-55）。

図2-53 仮想メモリの考え方

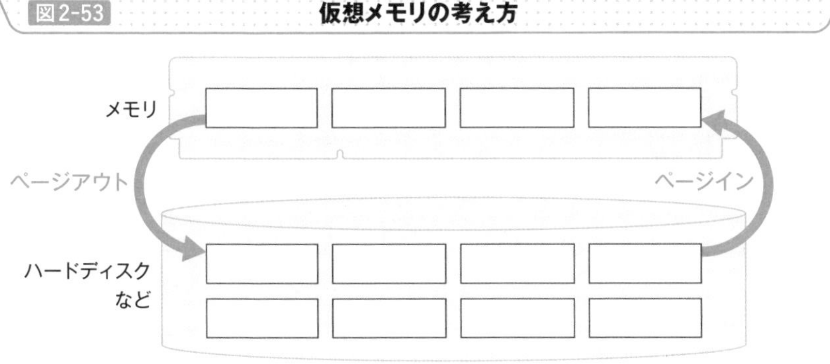

図2-54 LFU

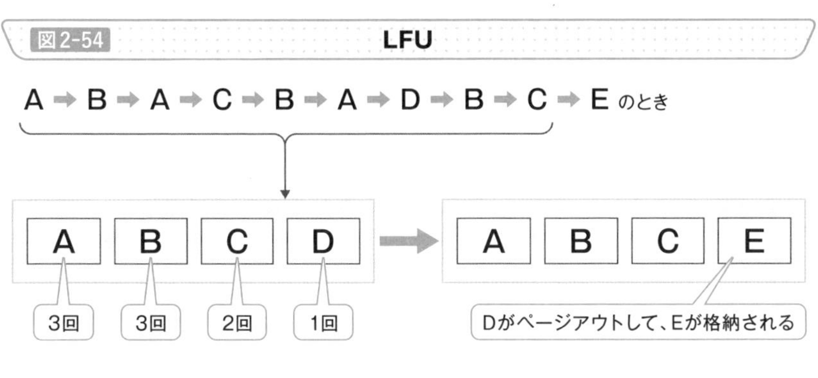

図2-55 LRU

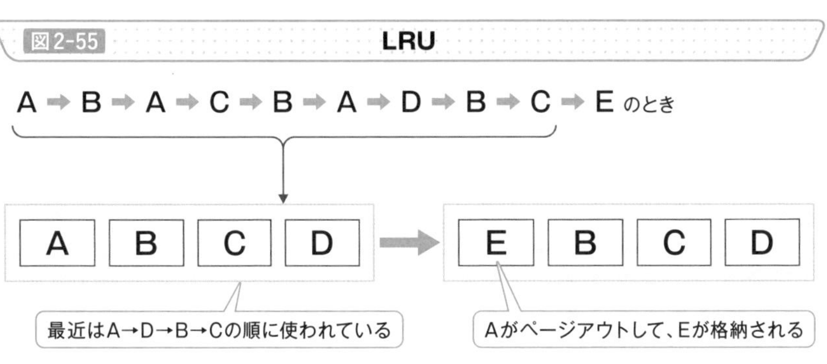

Point

- 利用された回数がもっとも少ない変数を退避する方法としてLFUがある
- 最近使われていないものを退避する方法としてLRUがある

やってみよう

データを保管するのに必要なデータ量を計算してみよう

アルゴリズムを学ぶときに、データ構造について知っておく必要があることは本文でも書いた通りです。そして、この章ではさまざまなデータ構造について紹介しました。データ構造を工夫することで効率よく処理できるだけでなく、処理対象のデータをどこに格納するかを考えるきっかけにもなります。

メモリが不足した場合はハードディスクなどを仮想メモリとして使用して処理しますが、ハードディスクなどの外部記憶装置は処理速度がメモリと比較して大幅に遅いため、処理速度が低下するのです。場合によっては、メモリ不足が原因でプログラムの実行が止まってしまうかもしれません。

そこで、「ディスク上にデータを保存するときのデータ量」と、「プログラムでデータを読み込んだときに使用するデータ量」について考えてみましょう。

数値データを保存するとき、CSVファイルでは文字として保存するため、1文字に1バイトが必要です。プログラムでは32ビット整数としてメモリ上で処理します。

次の表のデータをCSVファイルで保存したときと、プログラムでメモリ上で処理するときに必要な容量を計算してください。

値	CSVファイル	プログラム内
1		
1234		
12345678		

最近はメモリやハードディスクなどの容量も増え、データ量を意識することは減りましたが、大量のデータを処理するときには少し意識するようにしましょう。

第3章

データを並べ替える

～規則に沿って数字を整列させる～

昇順、降順の並べ替え

データを整理するための並べ替え

私たちは普段の生活の中でも並べ替えをしています。本棚にマンガや雑誌を並べるときには、1巻から順に並べたり、発売日の順に並べたりすることはよくあるでしょう。住所録は五十音順に並べますし、押し入れにものを入れるときには大きいものから順に積み重ねています（図3-1）。

コンピュータの中も同じで、ファイルやフォルダを五十音順に並べるだけでなく、更新日時で並べ替えることもあります。並べる順番は小さい方からとは限らず、売上が多い商品を調べるには売上が多い方から順に並べますし、来店者数が多い店舗を調べるには人数が多い方から並べます。

並べ替える基準は数の大きさや五十音順、アルファベット順、日付などさまざまですが、コンピュータではいずれも数値として扱います。文字の場合は文字コードにより、単純な数値の比較で並べ替えられるのです（図3-2）。このような並べ替えのことをソート（整列）といい、この章では配列に格納されている数値データを昇順に並べ替えることを考えます。

ソートがアルゴリズムで重要な理由

ソートしたいデータが10件くらいであれば、手作業で並べ替えてもそれほど時間はかかりません。しかし、その数が数万件、数億件となると手作業では大変です。プログラムで処理する場合も、単純な方法では時間がかかってしまうため、効率的な方法が求められるのです。

そのため、ソートのアルゴリズムは古くから研究の対象になってきました。**データを効率よく探索する場合にも、事前にソートしてあれば効率的な探索方法が考えられます。**つまり、ソートが前提になっているものも多いのです。

また、ソートは基本的な問題ですが、その考え方は他のプログラムを作るときに参考にできます。プログラミングの基本を学べるだけでなく、計算量の比較やその必要性を示す理想的な問題ともいえます。

図3-1 並べ替えの例

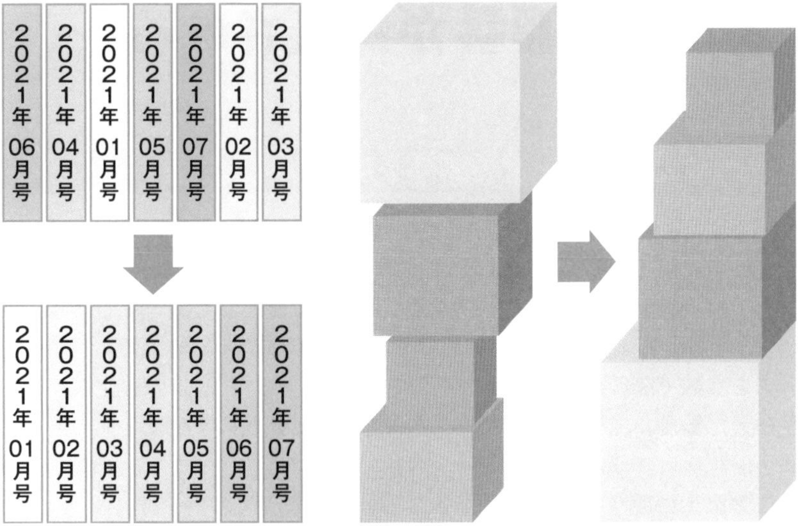

2021年06月号 2021年04月号 2021年01月号 2021年05月号 2021年07月号 2021年02月号 2021年03月号

2021年01月号 2021年02月号 2021年03月号 2021年04月号 2021年05月号 2021年06月号 2021年07月号

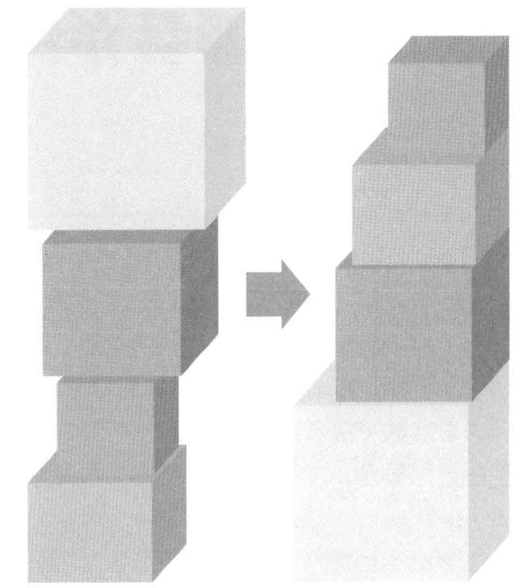

図3-2 文字コードでのソート

文字	s	h	o	e	i	s	h	a
文字コード	115	104	111	101	105	115	104	97

文字	a	e	h	h	i	o	s	s
文字コード	97	101	104	104	105	111	115	115

Point

- データを並べ替えることをソート（整列）という
- 文字をソートするときは、文字コードを使うことにより単純な数値の比較で並べ替えられる
- データ量が多くなったとき、ソートのアルゴリズムを工夫しないと時間がかかる

同じ値の順番が保証される

並べ替え後もデータの順序を保つソート方法

図3-3のような1つの項目内に同じ値が登場しないデータであれば、そのデータの値で比較して並べ替えれば問題ありません。しかし、私たちが使っているデータの中には、同じ値が登場するデータもあるでしょう。

図3-4は、名前の五十音順で並べられた学生のテスト結果です。このデータを点数で並べ替える場面を考えてみましょう。同じ点数の生徒が複数存在した場合、並べ替えた結果において、同じ点数の学生は名前の五十音順が崩れないように並べたいものです。

このように並べ替える項目以外のことも踏まえてソートするときには、安定ソートについて考える必要があります。**同じ値を持つデータにおけるソート前の順序がソート後も保持されていることを安定といい、保持されていないことを不安定といいます。**Excelなどの表計算ソフトは安定ソートになっています。

このあとで紹介するソート方法の多くは安定ソートですが、**3-6**で紹介するシェーカーソートや**3-8**で紹介するヒープソート、**3-10**で紹介するクイックソートなどは不安定です。

内部ソートと外部ソート

配列をソートするとき、配列の内部でそれぞれの要素を交換するだけで並べ替える手法を内部ソートといいます。逆に、並べ替えの対象となる配列の場所以外に、記憶領域を別途用意して、一時的にそこに保存する必要がある手法を外部ソートといいます（図3-5）。

多くのソート方法は内部ソートですが、**3-9**で紹介するマージソートや、**3-11**で紹介するバケットソート（ビンソート）などは外部ソートです。

処理速度だけでなく、メモリや外部記憶装置の使用量などを考慮してアルゴリズムを選ぶようにしましょう。

図3-3 **同じ値が登場しないデータ**

都道府県名	面積(km²)
北海道	83424.44
青森県	9645.64
岩手県	15275.01
宮城県	7282.29
⋮	⋮
沖縄県	2282.53

都道府県名	面積(km²)
北海道	83424.44
岩手県	15275.01
福島県	13784.14
長野県	13561.56
⋮	⋮
香川県	1876.80

図3-4 **同じ値が複数登場するデータ**

名 前	点数(5教科)
木村	472
佐藤	485
鈴木	472
田中	321
⋮	⋮
渡辺	472

名 前	点数(5教科)
佐藤	485
木村	472
鈴木	472
渡辺	472
⋮	⋮
田中	321

図3-5 **内部ソートと外部ソート**

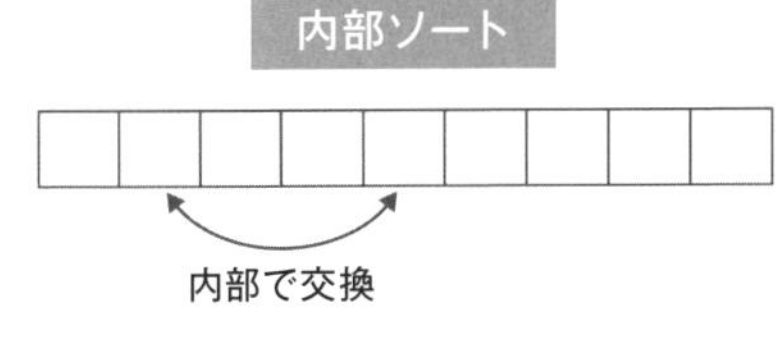

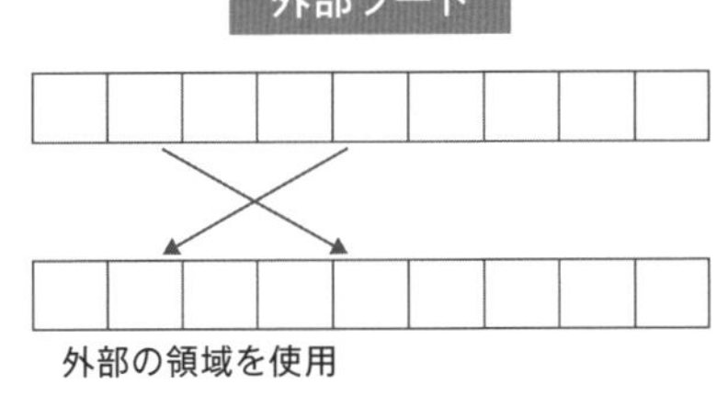

Point

- ソートするときに、並べ替える項目以外のことも考え、同じ値を持つデータがソート前後で同じ順序を保つソート方法を安定ソートという
- 配列の内部で交換してソートする方法を内部ソート、配列以外の場所も使う方法を外部ソートという

最大値や最小値を選んで並べ替える

最小値を前に移動する選択ソート

配列の中から**もっとも小さい要素を選んで、前に移動する**操作を繰り返して並べ替える方法を選択ソートといいます。

まず、配列の要素をすべて調べて最小の値を探し、見つかった値を配列の先頭と交換します（図3-6）。次に、配列の2番目以降の要素から最小の値を探し、2番目と交換します。これを配列の最後の要素まで繰り返すと、ソートが完了です（図3-7）。

最小の要素を見つける方法

選択ソートは上記のように単純な方法です。配列の中でもっとも小さい要素がある位置を見つける手順を考えてみましょう。

例えば、先頭から配列の要素を順に調べながら、それまでの最小値よりも小さい要素が登場すれば、その要素の場所を記録する、という方法がよく使われます。

計算量を考える

選択ソートの計算量を考えてみます。1つ目の最小値を探すには、先頭の要素と残りの $n-1$ 個の要素との比較が必要です。同じように、2つ目の最小値を探すには $n-2$ 回の比較が必要です。これをすべての要素について繰り返すので、全体の比較回数は $(n-1)+(n-2)+\cdots+1=\frac{1}{2}n(n-1)$ となります。

入れ替えは定数倍の時間なので計算量を考えるときには無視できます。もし入力されたデータが小さい順に並んでいた場合、入れ替えは1度も発生しませんが、比較は必要となるため、その計算量は変わらず $O(n^2)$ です。つまり、選択ソートの計算量はデータの並びがどんな場合であっても常に一定で $O(n^2)$ です。

図3-6 選択ソート（1番目）

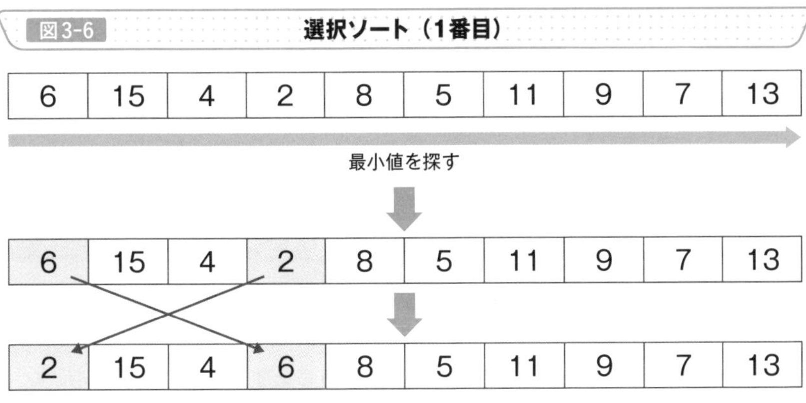

図3-7 選択ソート（2番目以降）

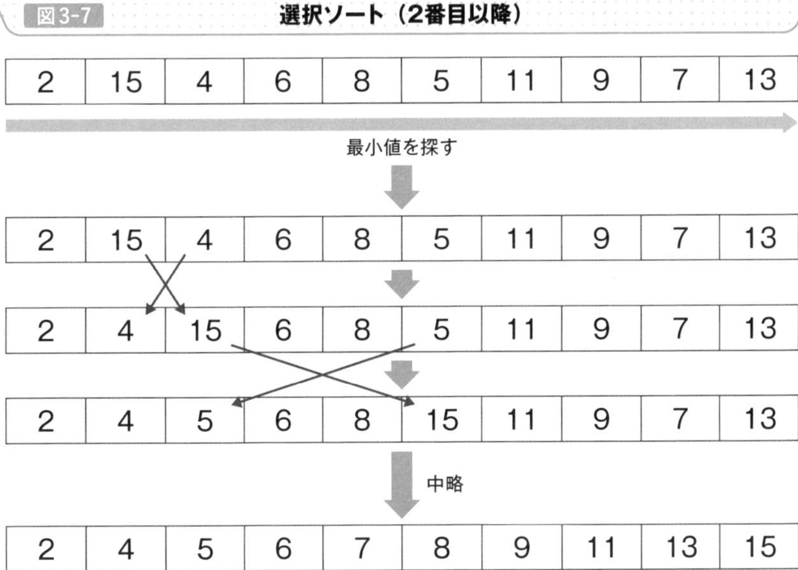

Point

- 選択ソートは、配列の中からもっとも小さい要素を移動することを繰り返して並べ替える方法である
- 選択ソートの計算量はデータの並びがどんな場合でも常に一定である

整列済みの配列に追加する

大小関係を崩さない挿入ソート

ソート済みの配列に、**大小関係が崩れないようにデータを追加する**方法を挿入ソートといいます。追加するデータに対して、配列の要素を先頭から順に比較し、格納する位置を見つけて追加します（図3-8）。

これは最初から配列にすべてのデータが入っていると使えないように感じるかもしれませんが、配列の先頭部分をソート済みと判断し、残りを1つずつ順番に適切な位置に挿入していけば、すでにデータが格納されている配列でも同じように使えます。

最初は左端の要素をソート済みにします。図3-9のデータの場合、6のみがソート済みの状態です。次に、2つ目として左端の数字15を取り出し、ソート済みの値と比較します。ここでは6と15を比較して、そのまま並べ替えずに2つのデータをソート済みとします。

さらに、3つ目として左端の数字4を取り出し、ソート済みの部分の要素と順に比較します。このとき、ソート済みの部分の後ろから順に前に向けて比較し、前の方が大きければ交換します。これを、ソート済みの範囲を1つずつ広げながら最後の要素まで繰り返せば、並べ替えが完了します。

計算量を考える

最悪の場合の計算量を考えてみましょう。左から2つ目の要素は1回、左から3つ目の要素は2回、右端の要素は$n-1$回の比較と交換が発生するため、合計で$1+2+\cdots(n-1)=\frac{1}{2}n(n-1)$回となります。つまり、最悪の場合の計算量は$O(n^2)$です。

しかし、最初から整列されていたデータの場合は、1度も交換が発生しません。つまり、先頭から順に最後まで比較するだけなので、最良の場合の計算量は$O(n)$となります。

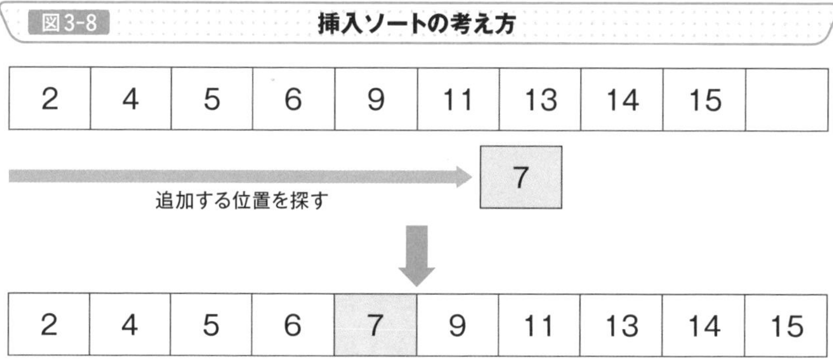

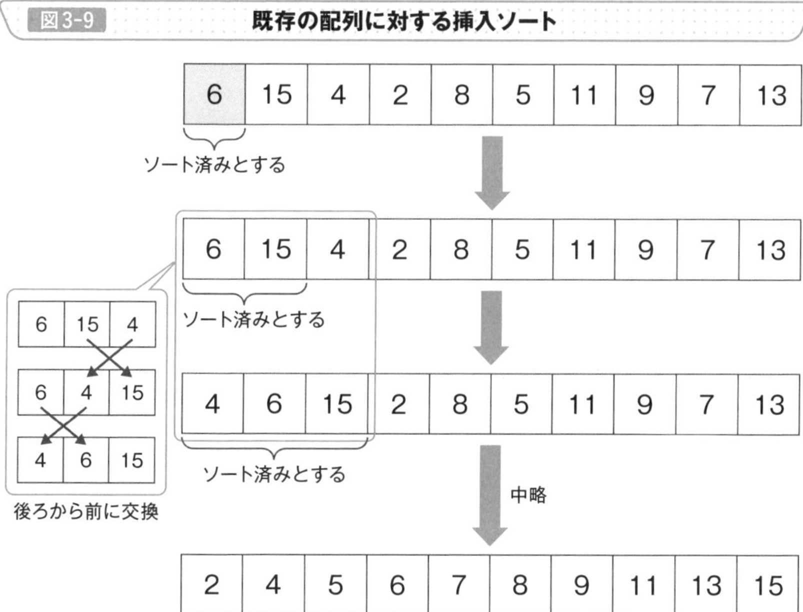

Point

- 挿入ソートは、配列がソート済みだと考えて、その大小関係を保ったままデータを追加することで並べ替える方法である
- ソート済みの配列の場合は高速に処理できるが、逆順に並んでいるような場合は、すべてのデータについて比較と交換が発生する

直前の要素と比べる

隣り合う要素を比較するバブルソート

選択ソートも挿入ソートも、配列の要素を交換しながら処理しています。このため、「交換ソート」と呼べなくはありませんが、一般的に「交換ソート」というときはバブルソートを指します。

バブルソートは**配列の隣り合った要素を比較して、大小の順序が違っているときは並べ替えていく方法**です。データが配列の中で移動していく様子を、水中で泡が浮かんでいく様子に例えて、バブルソートという名前がつけられています。

配列の先頭の要素と次の要素を比べることから始めて、左の要素が大きければ右の要素と交換する作業を、1つずつ位置をずらしながら繰り返します。配列の最後尾まで到達すると、1回目の比較は終了です（図3-10）。

このとき、配列の最後尾にはデータの最大値が入ります。2回目は一番右端の要素以外について同様の比較を行うと、最後から2番目が決まります。これを繰り返すと、すべての要素が並べ替えられ、ソートは終了です（図3-11）。

計算量を考える

バブルソートは1回目に$n-1$回の比較・交換を行います。また、2回目には$n-2$回の比較・交換を行います。このため、比較・交換の回数を合計すると、$(n-1)+(n-2)+\cdots+1=\frac{1}{2}n(n-1)$と計算できます。

この回数は、入力データがどのような並び順であっても同じです。入力されたデータが事前に並んでいると交換は発生しませんが、比較は同じだけの回数を行わなければなりません。つまり、上記のような単純な実装の場合、計算量は常に$O(n^2)$です。

そこで、実際にはもう少し工夫した方法が使われます。例えば、交換が発生したかどうかを記録し、交換が発生しなかった場合はそれ以降の処理を行わない、などの方法があります。

図3-10 **バブルソート（1回目：1番後ろが決まる）**

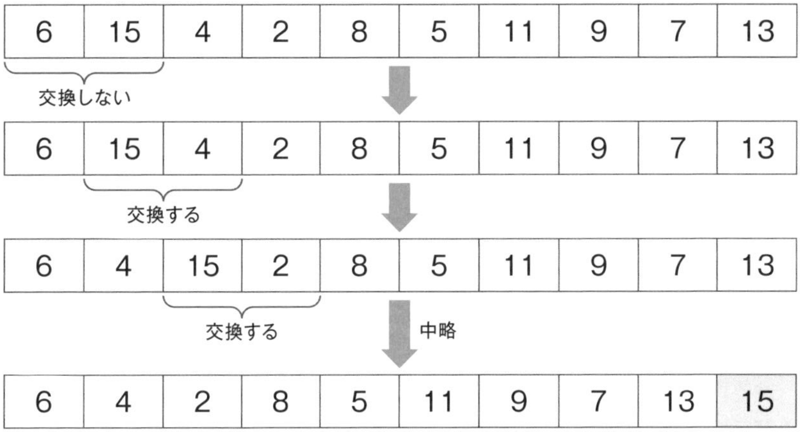

6	15	4	2	8	5	11	9	7	13

交換しない

6	15	4	2	8	5	11	9	7	13

交換する

6	4	15	2	8	5	11	9	7	13

交換する

中略

6	4	2	8	5	11	9	7	13	15

図3-11 **バブルソート（2回目以降）**

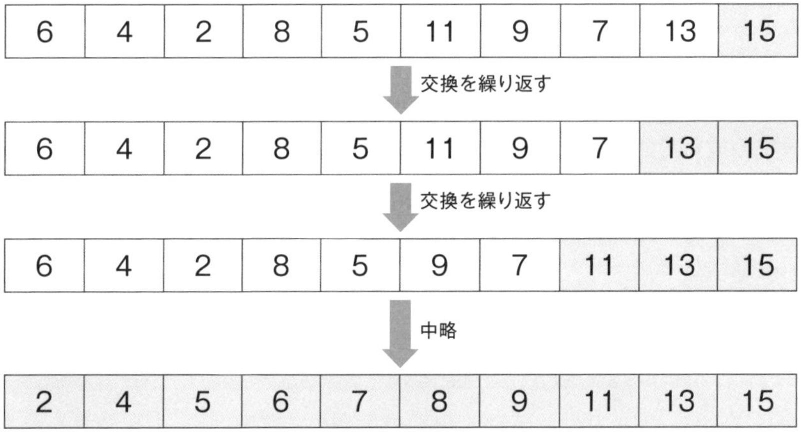

6	4	2	8	5	11	9	7	13	15

交換を繰り返す

6	4	2	8	5	11	9	7	13	15

交換を繰り返す

6	4	2	8	5	9	7	11	13	15

中略

2	4	5	6	7	8	9	11	13	15

Point

- バブルソートは配列の隣り合った要素を比較して、交換を繰り返すことで並べ替える手法である
- 単純なバブルソートでは、入力されたデータの並びにかかわらず処理時間は一定である

配列を双方向に入れ替える

双方向に処理をするシェーカーソート

3-5で紹介したバブルソートでは、交換を繰り返して一番大きな数が最後の位置に移動しました。これを逆方向に一番小さな数を移動させる方法として**シェーカーソート**があります。名前の通り、シェイクするように動かすことが特徴です。

具体的には、**最初に一番大きな数を最後の位置に移動したあと、今度は逆方向から前に向かって、一番小さい数を最初の位置に移動させます。**これを繰り返すことで、バブルソートが一方向であったものが、シェーカーソートでは双方向に処理をしていきます（図3-12）。

バブルソートでの工夫のように、交換が発生しなかった場合はソート済みであるとして処理を打ち切ることで、整列済みのデータについては挿入ソートと同じように高速に処理できます。

例えば、図3-13のような初期データで考えてみましょう。この場合、最初の段階で右端の要素は昇順に並んでいて交換されません。このとき、左から右に交換するときに、「連続していくつ交換しなかったか」を記録しておきます。すると、逆方向に調べるときは、最初からその数の分だけ読み飛ばしてソートを始められるのです。

計算量を考える

バブルソートと同じように、最悪の場合の計算量は$O(n^2)$です。計算量は同じですが、上記の工夫によりバブルソートよりも少しだけ高速に処理できることが知られています。ただし、オーダーが同じため、一般的には劇的に変わることはありません。

整列済みの場合は、読み飛ばすために交換しなかった回数をカウントするだけで、実際の処理は一方向に比較すれば交換をする必要がないため、$O(n)$で処理できます。

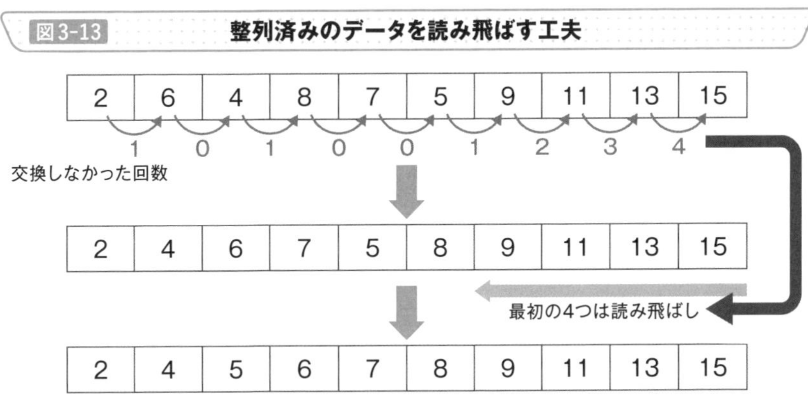

Point

- シェーカーソートはバブルソートを逆方向にも行うことでソート範囲を狭めていく並べ替え方法である
- 整列済みのデータを読み飛ばす工夫により、初期データの並び順によっては高速に処理できる

第3章 配列を双方向に入れ替える

» 交換と挿入を組み合わせて高速化

等間隔でソートしていくシェルソート

挿入ソートでは、隣り合ったデータを交換して並べ替えるため、整列されていないと処理に時間がかかります。逆順に並んでいた場合は交換する回数が最大になります。

そこで、**等間隔に配列の一部を取り出して、その中で挿入ソートやバブルソートを行い、その間隔を小さくしていく方法**として、考案者の名前を採用したシェルソートがあります。

例えば、図3-14の上にあるような配列で考えてみます。これを最初は4つの間隔を空けて、同じ色をつけた要素についてソートします。すると、図3-14の下のような配列が得られます。これは、前半に小さいものが多く集まり、後半に大きなものが多く集まっています。

次に、間隔2、間隔1、というようにソートしてみましょう。このソートには一般的な挿入ソートを使うと、図3-15のようにソートされます。

この間隔の決め方にはいくつもの種類があります。例えば、Knuth※1による方法では、1, 4, 13, 40, …, $\frac{3^k-1}{2}$ という数列で、配列の要素数を超えない範囲で後ろから使います。図3-14のような10個の要素であれば、間隔4の次に間隔1を使うことが考えられます。

計算量を考える

シェルソートの場合、使用する間隔によって計算量も変わってきます。

基本的には、前半に小さいものがあり、後半に大きいものがあるため、全体として見ると、挿入ソートのメリットである「整列されていた場合に速い」という特徴が生かせます。

最悪計算時間は挿入ソートと同じ $O(n^2)$ ですが、平均計算時間は $O(n^{1.25})$ になることが知られています。

※1 ドナルド・クヌース。組版システムTeXの開発者であり、著書『The Art of Computer Programming』は「アルゴリズムのバイブル」といわれる。

図3-14 シェルソート（間隔4）

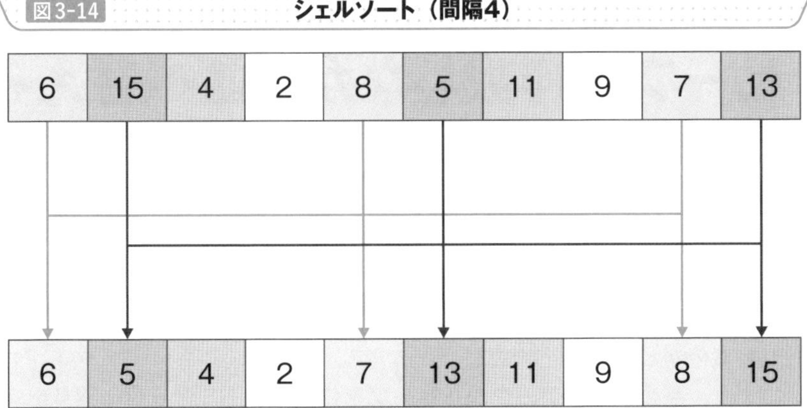

図3-15 シェルソート（間隔2→1）

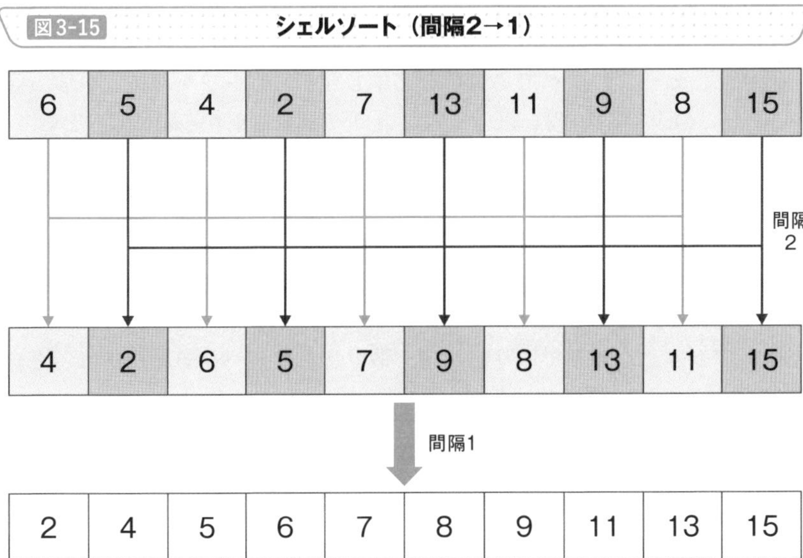

Point

- シェルソートは配列を等間隔に取り出して、その内部でソートすることを、取り出す間隔を小さくしながら繰り返す方法である
- 間隔の取り方によって処理速度は変わるが、平均的には単純な挿入ソートよりも高速に処理できる

≫ ヒープを作成しながら並べ替える

再構成しながら高速化をはかるヒープソート

2-16で、データ構造のヒープについて解説しました。ヒープでは、最小値が根にあり、取り出すと再構成されます。このヒープをソートにも活用したものがヒープソートです。

つまり、**与えられたデータからヒープを作成し、そこから順に取り出すことでソートしようという考え方**です。ヒープは高速に構成できるだけでなく、取り出したあとの再構成の時間を考えても、このしくみを使えばソートも高速に処理できる、というわけです。

最初に、ヒープにすべての数字を格納しながらヒープを構成します（図3-16）。この図で構成されるヒープは、配列の要素を前から順に取り出して、2-16で紹介した手順でヒープに追加する作業を繰り返したものです。

そして、このヒープを構成したあとで、小さい数から順に取り出すことを考えます。ヒープでは最小値が必ず根にあるため、最小値を取り出す場合は根だけを見ればOKでした。そして、取り出すたびにヒープを再構成しておきます（図3-17）。

ヒープが空になるまで取り出して、取り出したデータを順に並べると自動的にソートが完了しています。

計算量を考える

ヒープを構成するために必要な計算量を考えると、n個のデータに対して処理を行うので$O(n \log n)$となります。また、数字を1つずつ取り出して、ソートした配列を作るのに必要な計算量も$O(n \log n)$です。

つまり、ヒープソートにかかる計算時間は$O(n \log n)$であり、これは選択ソートや挿入ソート、バブルソートの$O(n^2)$に比べて高速です。

ただし、ヒープを構成し、そこから順に取り出す処理を実装するのは面倒で、ソースコードは複雑になります。

図3-16 **ヒープの構成**

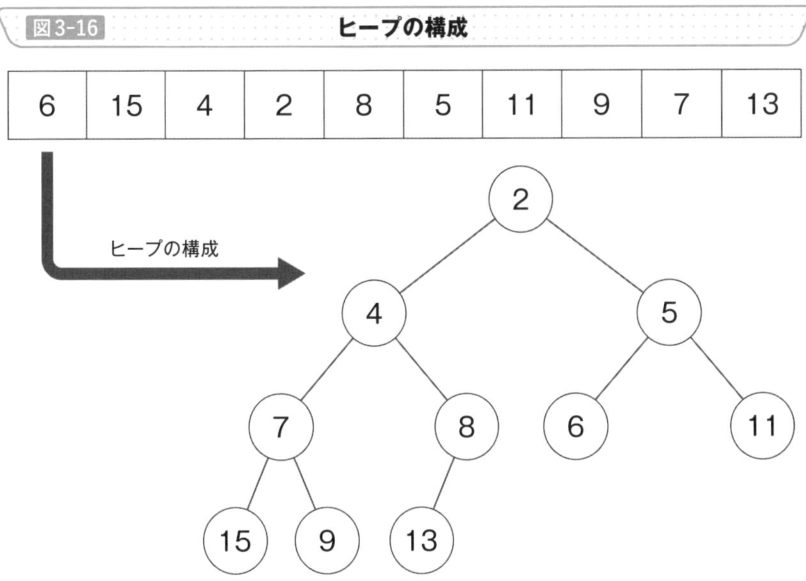

図3-17 **ヒープからの取り出し**

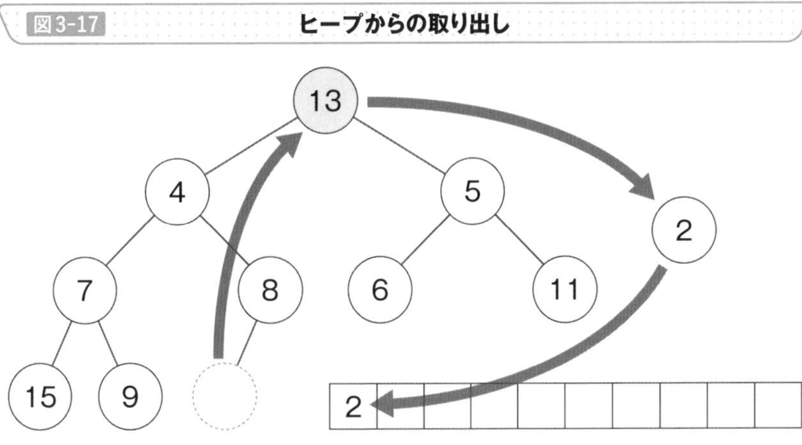

Point

- ヒープソートはデータ構造としてヒープを使って並べ替える方法である
- ヒープソートは選択ソートや挿入ソート、バブルソートなどに比べて高速に処理できるが実装が複雑である

複数のデータを比較しながら統合

バラバラの要素を統合するマージソート

ソートしたいデータが入った配列をバラバラの要素と考え、これらの配列を統合（マージ）する方法をマージソートといいます（図3-18）。

ここまでに紹介した他のソートとは異なり、マージソートでは新たな配列を別の領域に作成して処理を行います。これはメモリ上ではなく外付け装置などでも構いません。**統合するときに配列内の値が小さい順に並ぶように実装することで、全体が1つの配列になったときにはすべての値がソート済みになっています。**

例として、図3-18の3段目から4段目で[6, 15]と[2, 4, 8]という2つの配列を統合する場面を考えてみましょう。まず先頭の6と2を比較し、小さい2を取り出します。次に残った配列の先頭にある6と4を比較し、小さい4を取り出します。次は6と8を比較して6を、その次は8と15を比較して8を取り出します。最後に残った15を取り出して完了です（図3-19）。この作業を、すべての数が1つのグループになるまで繰り返します。

計算量を考える

マージソートで統合する部分の計算量を考えます。2つの配列を統合する処理は、それぞれの配列における先頭の値を比較して取り出すことを繰り返すだけですので、できあがる配列の長さのオーダーで処理できます。全部でn個の要素があれば、そのオーダーは$O(n)$です。

次に、統合する段数を考えると、n個の配列を1つになるまで結合した場合の段数は$\log_2 n$となり、全体の計算時間は$O(n \log n)$となります。

マージソートの特徴として、メモリに入りきらないような大容量のデータにも使えることが挙げられます。2つのデータから取り出しながらソートできるため、複数のディスク装置にあるデータでも、結合しながらソート済みのデータを作成する、といったことが可能です。

図3-18　マージソート

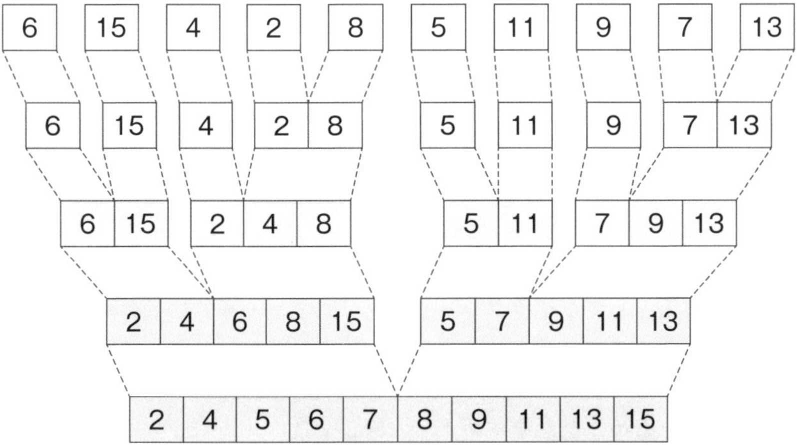

6
15
4
2
8
5
11
9
7
13
6
15
4
2 8
5
11
9
7 13
6 15
2 4 8
5 11
7 9 13
2 4 6 8 15
5 7 9 11 13
2 4 5 6 7 8 9 11 13 15

図3-19　先頭から順に比較

6 15
2 4 8
2 4 6 8 15

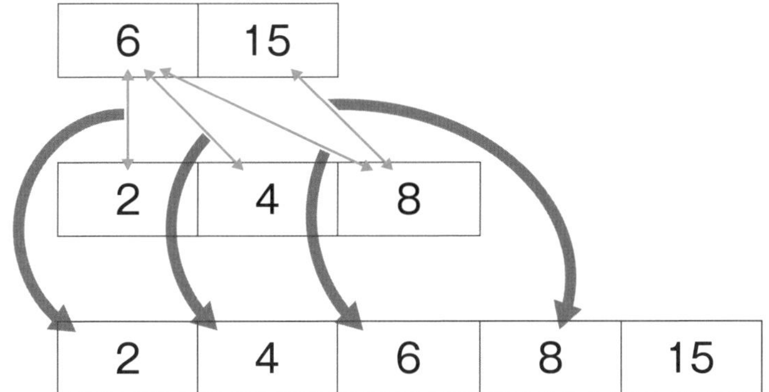

Point

- マージソートは複数の配列を先頭から比較しながら統合することを繰り返して並べ替える方法である
- 並べ替える前の並び順に関係なく安定して高速に処理できる
- マージソートはメモリに入りきらないような大容量のデータでもソートできる

一般的に高速でよく用いられる並べ替え

小さい単位に分割して処理をするクイックソート

配列から適当にデータを1つ選んで、これを基準として小さい要素と大きい要素に分割し、それぞれの配列でまた同じような処理を繰り返してソートする方法として**クイックソート**があります。一般的には**分割統治法**と呼ばれる設計手法に分類される方法で、小さい単位に分割して処理することを繰り返します。これ以上分けられないようなサイズまで分割できれば、それをまとめた結果を求めます（図3-20）。

このとき、**バランスよく分割しないと意味がないため、基準の選択が重要**です。うまく選ぶと高速に処理できますが、選んだ値によってはまったく分割されず、元の問題を解くのと同じ時間がかかる場合があります。

クイックソートではこの基準となるデータをピボット（pivot）と呼びます。ピボットの選び方はいくつも考えられますが、ここでは「配列の最初の要素」とし、図3-21のように比較してみます。まず配列の先頭にある「6」をピボットとし、6より小さな要素と6より大きな要素に分けます。さらに、分けられた2つの配列について、それぞれ同様の処理を実行しています。

この処理は**単純に分割しているだけで、明示的にソートをしているわけではないことに注意します。**つまり、分割してできた配列の並びは昇順に並んでいるわけではありません。しかし、最後まで分割することで、一番下の段で現れた配列を結合すると、ソート済みの結果が得られます。

計算量を考える

クイックソートの計算量は、ピボットをうまく選べると、マージソートと同じように$O(n \log n)$となります。これは、マージソートと同じように、サイズが半分になることを繰り返すためです。ただし、最悪の場合は$O(n^2)$になります。ですが、実用上はヒープソートやマージソートよりも高速に処理できることが知られています。

図3-20 **分割統治法**

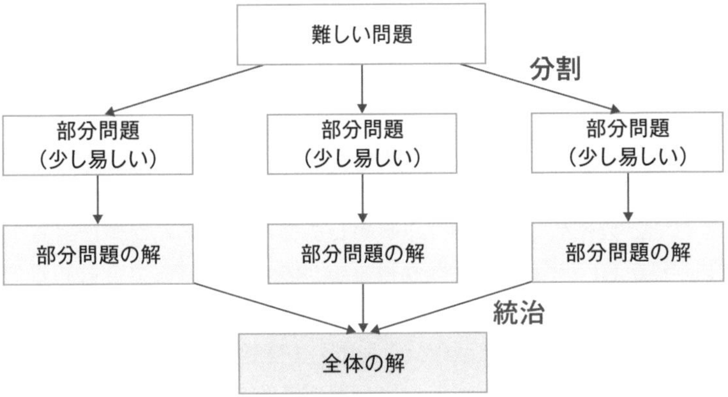

難しい問題

分割

部分問題（少し易しい）　部分問題（少し易しい）　部分問題（少し易しい）

部分問題の解　部分問題の解　部分問題の解

統治

全体の解

図3-21 **クイックソート**

Point

- クイックソートは分割統治法の考え方を用いて、基準となる値より大きいか小さいかで分割することで並べ替える方法である
- うまく基準となるピボットを選べれば高速だが、最悪の場合は遅くなる可能性がある

取り得る値に限りがある場合に有効

高速にソートできるバケットソート

ここまでに紹介した方法は、小数や負の数など、どんな値に対しても使えます。しかし、現実的には取り得る値が限られている場合もあるでしょう。例えば、100点満点で行われる学校のテストであれば、点数は整数だけであり、取り得る値は0から100までの101通りしかありません。

このような場合にもっと高速にソートできる方法があり、バケットソートやビンソートと呼ばれています。名前の通り、バケツやビンに例えたもので、**事前に取り得る値の数だけ入れ物を用意しておきます。そして、それぞれの入れ物に、どれだけの数が入るのかを数えるのです。**例として、1（とてもよい)、2（よい)、3（普通)、4（悪い)、5（とても悪い）という選択肢から選ぶ簡単なアンケートを考えてみましょう。この場合、1から5までの5個の入れ物を用意して、この入れ物にデータを順に入れていきます。全部のデータを入れれば、次はそれぞれの入れ物に入った件数の数だけデータを取り出せばよいのです（図3-22)。

計算量を考える

データがn個あって、取り得る値がm種類ある場合を考えてみましょう。この場合、入れ物に入れるのにかかる時間は$O(n)$です。入れ物から取り出すのにかかる時間は$O(m+n)$で求められます。つまり、全体で$O(m+n)$となり、mが小さければ高速に処理できます。

バケットソートを応用する基数ソート

バケットソートを応用したものとして基数ソートがあります。例えば3桁の数の場合、一の位、十の位、百の位でそれぞれにバケットソートを使います。これにより、**取り得る値の数がある程度大きくても高速に処理できます**（図3-23)。このソートには安定ソートを使うことが必要です。

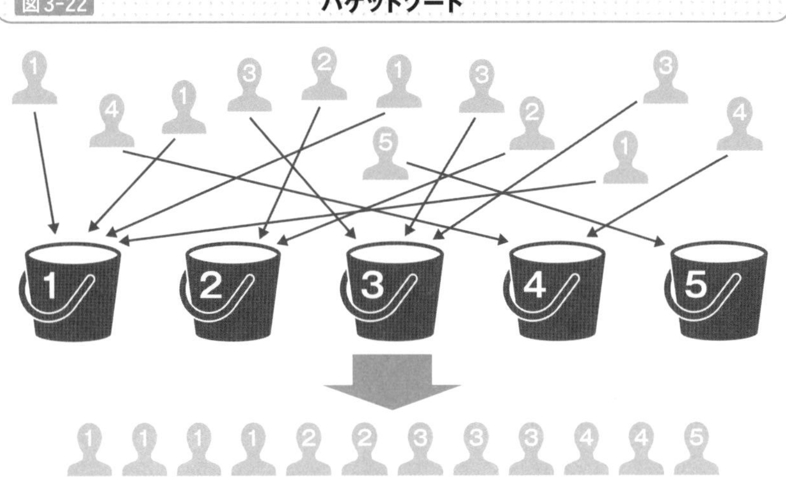

図3-22 バケットソート

図3-23 基数ソート

Point

- バケットソートは取り得る値が限られている場合に使われる並べ替え方法である
- 基数ソートでは桁ごとにバケットソートなどを使うことで、ある程度高速に処理できる

隙間を用意して並べ替え

あえて空白を用意して行う図書館ソート

ここまでに紹介してきたソートでは、配列にぎっしりとデータが詰まっている状況を想定していました。しかし、配列のサイズに余裕があり、一部のデータが抜けているような配置が可能な場合は、あとからデータを追加するときのソート時間を短縮することができます。

このようなときに使える工夫として、**図書館ソート**があります。図書館で棚に本が並んでいる状況で、その本を並べ替える場面などを想像するとわかりやすいでしょう。図書館に並んでいる本は、基本的にはジャンルで分類された棚にあります。その棚の中で、書籍につけられた番号や書名の順番に並んでいます（図3-24）。

このような本を並べ替えるとき、挿入ソートに似た方法が使えます。挿入ソートでは、配列で要素を挿入した場合、その位置よりも後ろにある要素をすべてずらす必要がありました。これが挿入ソートの遅い原因になっていますが、**図書館では棚に本をいっぱいに詰めないように配置しています。あとから追加することを考えて、一定の区間ごとに空白を用意しているため、ずらす本が少なくて済むのです。**

このように、うまく空白を用意すると、高速な並べ替えを実現できます。一方、用意する空白の量によっては無駄なスペースが必要なため、実装の工夫が必要になります。

途中を飛ばすスキップリスト

データ構造のところでは連結リストや双方向リストを紹介しました。この場合、追加や削除は高速ですが、探索には先頭からたどる必要がありました。しかし、順にたどるのではなく、途中を飛ばす方法として**スキップリスト**があります（図3-25）。スキップリストも途中を飛ばすことで改良する意味では図書館ソートの高速化の考え方と同じだといえます。

図3-24 図書館の棚

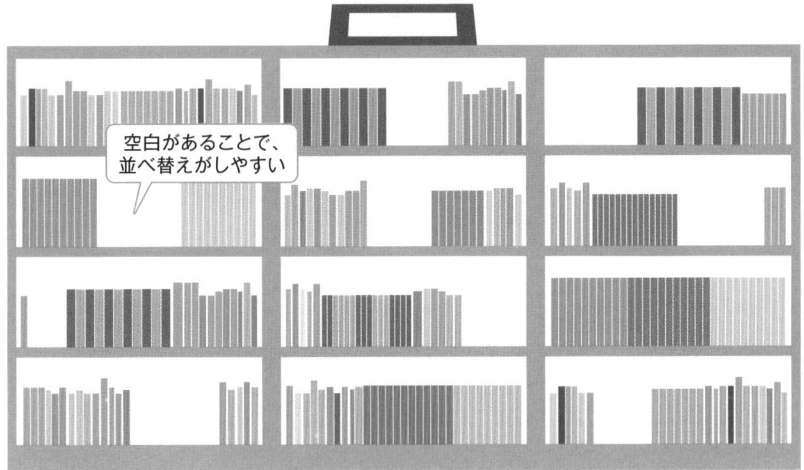

図3-25 スキップリスト

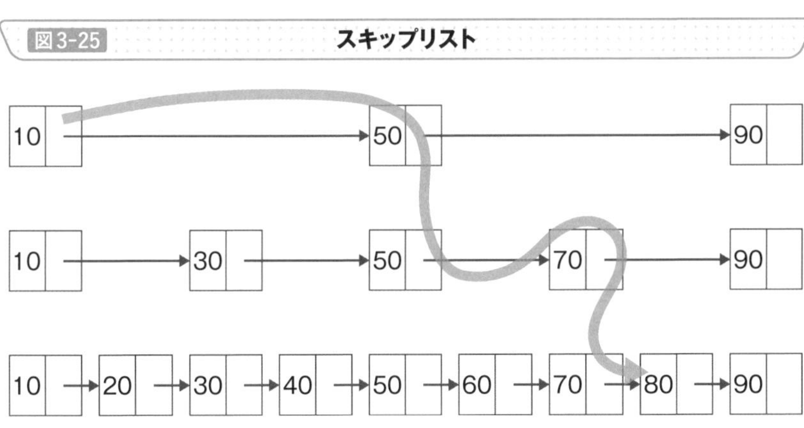

Point

- 図書館ソートは、図書館にある本を棚の中に余裕を持って並べておくことで、並べ替えで移動させる範囲を限定できることを使った並べ替え方法である
- スキップリストを使えば、連結リストでも一部を読み飛ばすことで効率よく探索できる

ジョークとして使われるソート

目的外のデータを消すスターリンソート

スターリンは旧ソ連における最高指導者でしたが、大規模な政治弾圧を行ったことで知られています。その中で、多くの人が処刑されるなど「粛清」が行われていました。彼を名前に持つソート方法としてスターリンソートがあります。

与えられたデータの中から、目的に合わない（ソートされていない）データを消してしまう方法で、これを「粛清」だと考えて名付けられました。

例えば、図3-26の場合、6と8は前にある9よりも小さい値です。また、11もその前にある13よりも小さいです。そこで、これらを除外してしまえば、できあがったものはソートされた状態になります。

もちろん、結果はソートされたものが得られていますし、どんなデータが与えられても常に$O(n)$の計算量で処理できるため高速なのですが、必要なデータが失われているため、ソートの処理時間をアピールするジョークとして使われます。

運まかせのボゴソート

乱数を使ったソートとして、ボゴソートがあります（図3-27）。与えられたデータをランダムに並べ替えて、できたものがソートされているかどうかを確認する、という方法です。処理としては並べ替えなどの操作は何もしていませんが、何度もランダムに繰り返していれば、そのうちソートされた配列ができあがるかもしれないという発想です。

偶然1回試すだけでソートされたものが得られるかもしれませんし、何度繰り返してもまったくソート結果が得られないかもしれません。

要素数が少なければ比較的高い確率で偶然よい結果が得られるかもしれませんが、ソートとして役に立たないことから、一般的にはジョークとして使われます。

図3-26 スターリンソート

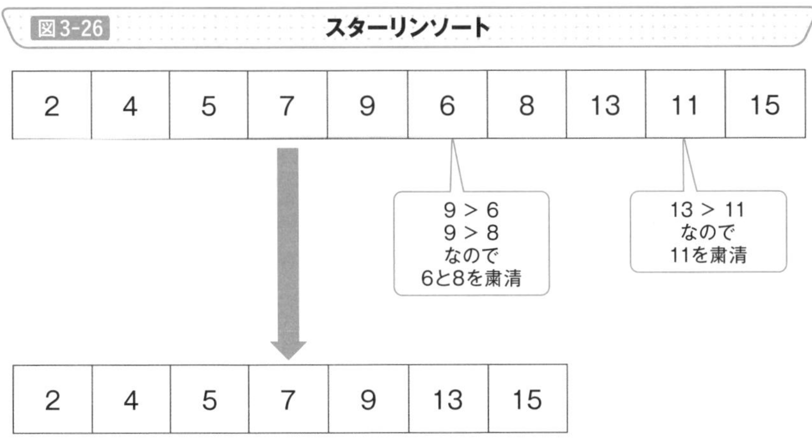

図3-27 ボゴソート

Point

- スターリンソートはソートされていない順番のデータを除外することで、並べ替えられた状態を無理やり作り出す方法である
- ボゴソートはランダムに配列を生成し、並べ替えられている配列ができあがることを待つ方法である

どの手法を選ぶべきか？

最適なソートはデータによって異なる

オーダーによる計算量でここまでに紹介したソート方法の比較をすると、図3-28のようになります。ここで大切なのは、それぞれの処理には特徴があり、**どんなデータに対しても最適で万能なソート方法というのは存在しない**ことを理解することです。

ヒープソートはデータの内容が変わっても計算量の変化は小さいものですが、並列化できないことや、メモリ連続アクセスできないことからあまり使われていません。

マージソートはどのようなデータが与えられても同じような計算時間で処理できますし、並列での処理が可能な一方で、大量のデータをソートする場合には大容量のメモリを必要とします。多くの場合、マージソートやクイックソートは高速ですが、特定の場合においてはビンソートなどが圧倒的に高速です。

それぞれの特徴を理解し、比べられる力が求められています。

プログラムの実行時間でアルゴリズムを比較する

同じオーダーのアルゴリズムであっても、**実際には定数倍の時間が大きく影響し、処理時間に差が出る**ことは珍しくありません。また、最悪時間計算量を考えても、現実にはそんなに悪い状況が発生せず、平均的によい結果が得られる場合もあります。

そこで、実際にプログラムを作成して処理時間を試してみましょう。ヒープソートやマージソートの平均計算時間はクイックソートと同じ$O(n \log n)$ですが、クイックソートの最悪計算時間は$O(n^2)$です。これを見ると、ヒープソートやマージソートの方がクイックソートよりもよいアルゴリズムのように見えますが、実際に手元の環境で作ってみると、図3-29のようになりました。どのアルゴリズムを選択するかによって、こんなにも結果が変わるのです。

図3-28 **オーダーによる比較**

ソート方法	平均計算時間	最悪計算時間	備考
選択ソート	$O(n^2)$	$O(n^2)$	最良でも$O(n^2)$
挿入ソート	$O(n^2)$	$O(n^2)$	最良の場合$O(n)$
バブルソート	$O(n^2)$	$O(n^2)$	
シェーカーソート	$O(n^2)$	$O(n^2)$	
シェルソート	$O(n^{1.25})$	$O(n^2)$	
ヒープソート	$O(n \log n)$	$O(n \log n)$	
マージソート	$O(n \log n)$	$O(n \log n)$	
クイックソート	$O(n \log n)$	$O(n^2)$	実用上は高速

図3-29 **著者の手元の環境でのシミュレーション結果**

（Pythonにて５回実行し、その最大と最小を除いた３回の平均）

ソート方法	10,000件	20,000件	30,000件
選択ソート	5.71秒	25.58秒	58.41秒
挿入ソート	7.03秒	27.10秒	67.35秒
バブルソート	14.71秒	61.69秒	140.34秒
シェーカーソート	12.21秒	53.69秒	124.82秒
シェルソート	5.85秒	25.90秒	56.41秒
ヒープソート	0.13秒	0.33秒	0.51秒
マージソート	0.05秒	0.15秒	0.20秒
クイックソート	0.03秒	0.11秒	0.13秒

Point

- どんなデータに対しても最適なソート方法は存在しない
- 同じオーダーであっても、実際のデータで試してみると、その違いがわかる

やってみよう

ソートのフローチャートを描いてみよう

本章ではソートのアルゴリズムをたくさん紹介しました。動作のイメージは把握できても、それをプログラムとしてどのように実現するのかを考えるとき、フローチャートを描くことは有用です。

例えば、選択ソートの処理手順をフローチャートとして表現すると、次のように描けます。

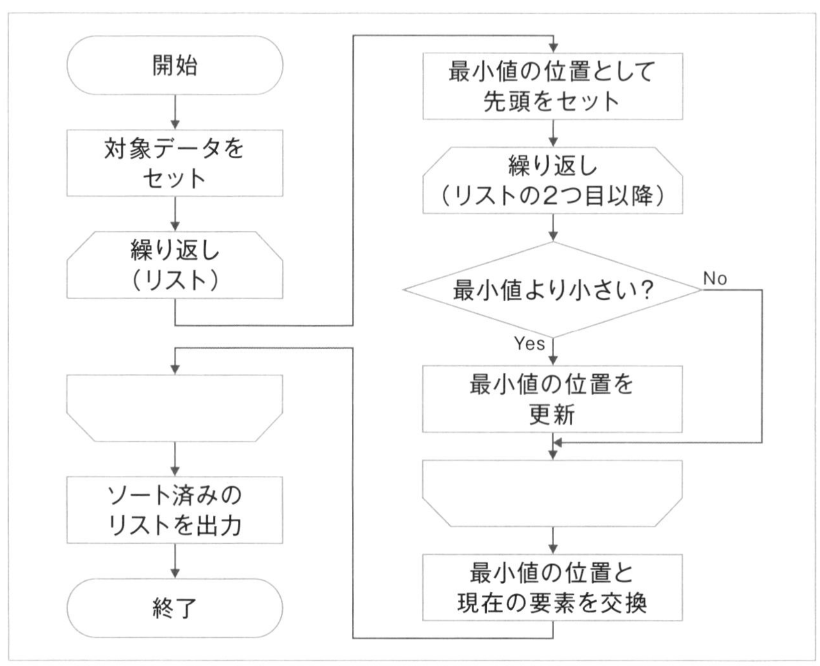

その他のアルゴリズムについても、同じようにフローチャートを描いてみてください。ExcelやPowerPointなどを使えば、フローチャートに必要な最低限の図形は用意されていますので、手軽に作成できます。

また、オンライン上のサービスとして、「draw.io」（https://www.draw.io/）などがあります。Webブラウザだけでフローチャートを作成できますので、ぜひ試してみてください。

第4章

データを探す

～目的の値を速く探し出すには?～

複数のデータの中から条件に合うものを見つける

検索と探索の違い

多くのデータの中から欲しいデータを見つけるときに、検索や探索という言葉が使われます。どちらも「探す」意味がありますが、検索の場合はデータベースなどの中から必要な情報を調べて探し出すことを指し、探索は未知の情報をさぐりながら調べることを指します（図4-1）。

つまり、**検索はすでにある程度知っていることをより詳しく知るために探す場合に使われることが多く、探索はそもそも存在するかわからないものを見つけ出す場合に使われることが多い**です。

よく使われるアルゴリズムに探索があります。探索とは、データが配列に格納されているけれど、それがどこにあるのかわからない、そもそも存在するのかもわからない、という状態から目的のデータを見つけ出すことを指します。

探索がアルゴリズムで重要な理由

データが全部で10件くらいであれば、手作業で探してもそれほど時間はかかりません。しかし、その数が数万件、数億件となると手作業では大変です。これはソートと同じで、プログラムで処理する場合も、単純な方法では時間がかかってしまうため、効率的な方法が求められます。

効率的な方法は探したいものによって変わります。例えば、辞書や電話帳の中から特定のキーワードや名前を探す場合は、五十音順に並んだ中から、開いたページより前か後ろかを判断しながらページをめくります。

一方で、書店に行ってある本を探したい状況を考えてみましょう。書店には多くの本が並んでいますので、単純に端から順に探していくと日が暮れてしまいます。本のタイトルで五十音順に並んでいるわけでもありません。私たちは目的の本のジャンルで棚の位置を把握し、その棚の中を探すでしょう。このように、目的に応じて探索の方法を変える必要があります（図4-2）。

図4-1 検索と探索

	検索	探索
探す目的	詳しく知る （わからないことがわかっている）	存在を調べる （そもそも存在するのかどうかも わからない）
探す対象	ある程度知っている （自分の知識との答え合わせ）	よくわからない （自分の知識がない）
探す場所	整理されている （本、Web、データベースなど）	整理されているかどうかが わからない
探す方法	ある程度決まっている （辞書を引く、検索エンジンを使うなど）	工夫する必要がある （効率のよい方法を考える）

図4-2 探索の手法の違い

個数が少ない　　順番に並んでいる　　順番が決まっていない

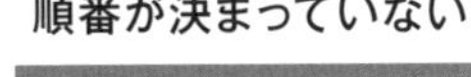

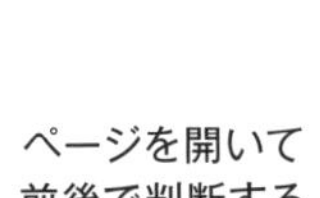

全部調べても
すぐに見つかる

ページを開いて
前後で判断する

ジャンルで絞り込んで
その中を探す

Point

- 探索の場合、データがどこにあるかわからないだけでなく、そもそも存在しない可能性もある
- 探索する対象によって探す方法を工夫しないと、膨大な時間がかかる可能性がある

しらみつぶしに探索する

全体の数が少ない場合の探索方法

探索の手法はさまざまですが、探索する対象となるデータの全体を見たときに、その数が少ない場合はアルゴリズムを考える必要はありません。プログラムを考えずに、手作業で探しても十分なことも多いでしょう。

例として、財布の中から100円玉を取り出したい場合を考えてみましょう。一般的な人の財布の中には小銭はおそらく10から20枚程度で、しかも小銭の種類は1円玉、5円玉、10円玉、50円玉、100円玉、500円玉の6種類しかありません。このような場合、100円玉を見つけるときに特に工夫は要らず、とりあえず銀色の硬貨を探せばすぐに見つかります。

大量のデータでも全探索が有効なこともある

データが大量に存在する場合でも、効率のよい探索方法を使わない場合があります。一般的に全探索やしらみつぶしとも呼ばれ、考えられるすべてのパターンを列挙する方法です。列挙したものの中から条件を満たすものをひたすら探すしかなく、効率の悪い方法ではありますが、いつかは欲しいデータが見つかります。**もし見つからなければ、そもそも存在しない**のだということもわかります（図4-3）。

全探索はプログラムの実装が比較的簡単なことが多いため、1度しか使わないプログラムでは有効です。実行に8時間かかるとしても、実装は5分でできるかもしれません。**探索が1秒で処理できるような効率のよいプログラムの実装に20時間かかるなら、全探索を実行する方が効率的**です（図4-4）。

人間としてはやりたくないような単純作業の繰り返しでも、コンピュータはただひたすら探索を繰り返してくれます。そこで、件数が少なければ全探索をするのも有効な方法です。「少ない」の定義はコンピュータの性能にもよりますが、例えば1秒間に1億回の計算ができるコンピュータで単純な処理ならば、1億パターンであれば1秒で処理できるわけです。

図4-3 **全探索のメリット**

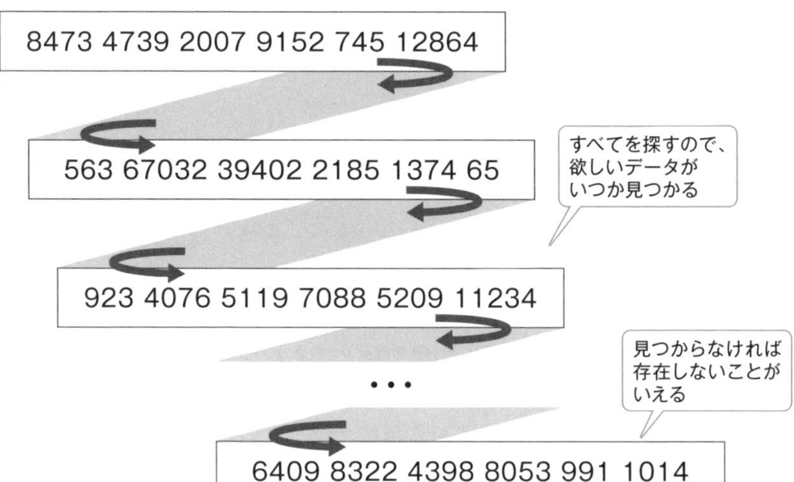

図4-4 **全探索を選ぶときの理由**

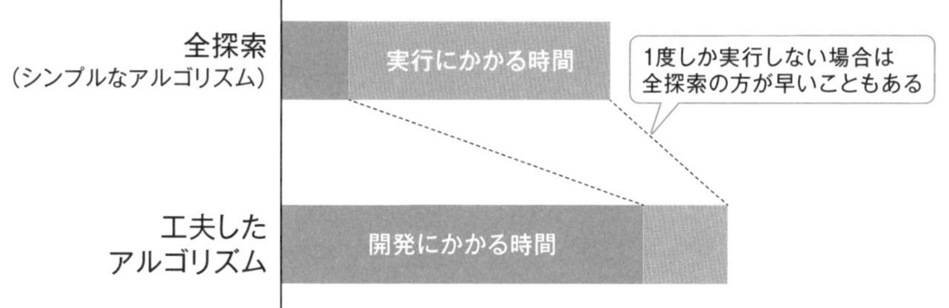

Point

- データの件数が少ない場合は、全探索でも一瞬で処理できるため複雑なプログラムを作成する必要はない
- 1度しか使わないようなプログラムの場合、短時間で開発できた方が効率的な場合がある
- コンピュータは単純な作業が得意なため、単純な処理なら高速に実行できる

先頭から順に調べる

データを順番に調べる

データを1次元の配列に格納している場合、その配列の先頭から順に配列の最後まで調べる方法が考えられます。このような探索方法を線形探索といいます。線形探索は全探索のため、処理に時間はかかりますが、**順番に調べるだけなのでプログラムの構造はとてもシンプル**です。データの数が少ない場合によく使われます。

例えば、図4-5のような配列から目的の値「4」を探すプログラムを考えてみます。最初に先頭のデータである「5」と比較して、もし一致すればそこで探索を終了し、異なる場合は次のデータである「3」と比較して、一致すれば探索を終了します。この作業を繰り返すと、目的の値と比較したときに一致したら、そこで探索を終了できます。

線形探索の手順を考える

多くの場合、探索する目的はそのデータの有無を調べるだけではありません。そのデータが配列の中のどこにあるかを知りたいものです。

そこで、配列と目的の値を引数として渡して線形探索を実行し、見つかった場合に配列のインデックスを返す関数を作ることを考えます。もし見つからなかったら、-1を返すような方法がよく使われます（図4-6）。

線形探索の計算量を考える

線形探索では、先頭で見つかれば1回の比較で終了しますが、見つからないと配列の要素の数だけ比較が必要になります。配列の要素数をnとし、最後まで見つからなかった場合はn回の比較が必要です。この場合、比較回数の平均は比較回数の合計をデータ数で割り算して求められるため、$\frac{1+2+3+\cdots+n}{n}$となり、整理すると$\frac{n+1}{2}$回の比較が必要です。最悪の場合はn回の比較が必要なので、$O(n)$のアルゴリズムです。

図4-5 **線形探索**

5
3
9
1
2
7
6
4
8

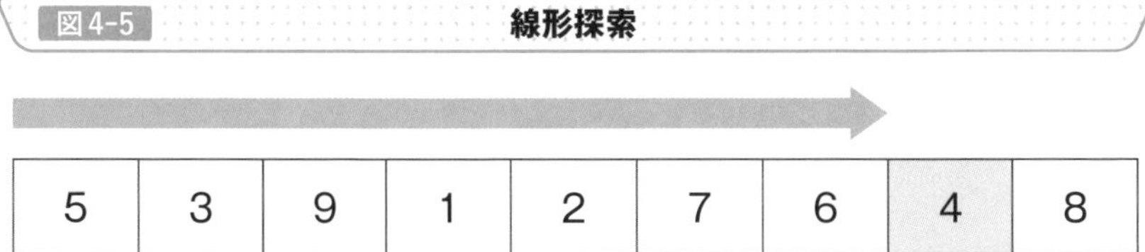

図4-6 **線形探索のフローチャート**

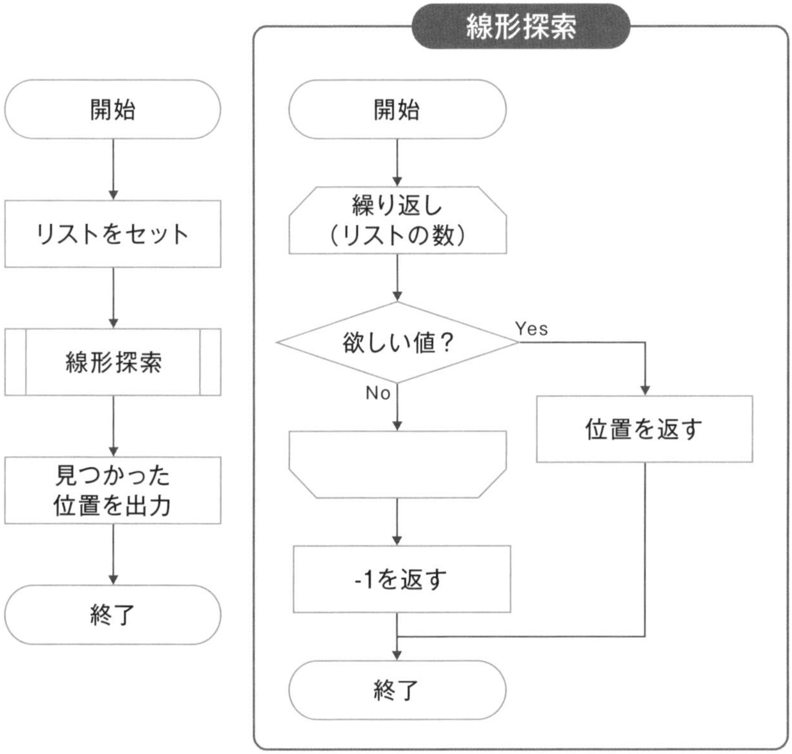

開始
リストをセット
線形探索
見つかった
位置を出力
終了
線形探索
開始
繰り返し
(リストの数)
欲しい値？
Yes
No
位置を返す
-1を返す
終了

第4章 先頭から順に調べる

Point

- 選択ソートは、配列の中からもっとも小さい要素を移動することを繰り返して並べ替える方法である
- 選択ソートの計算量はデータの並びがどんな場合でも常に一定である

≫ ソート済みのデータから探索する

探索範囲を半分に分けて効率化する

データの数が増えても高速に処理する方法を考えると、私たちが辞書や電話帳から探すのと似た方法が考えられます。ある値を探すときに、その値が現在の位置よりも前にあるのか後ろにあるのかを判断する方法です。

探索する範囲をちょうど半分にしていくことで、効率よく探索でき、データの数を半分にすることから二分探索と呼ばれています。この方法を使うには、データが五十音順など規則的に並んでいる必要があります。

例えば、図4-7のように配列の中にデータが昇順に格納されている状況を考えてみましょう。ここから「7」という値を探すには、まず中央の「11」と比較します。7は11より小さいため、前半を探します。次は、前半の中央にある「5」と比較します。今度は5よりも大きいため、後半を探します。目的の値と一致するまでこの作業を繰り返し、一致すれば探索は終了です。

計算量を考える

一見複雑な処理に見えますが、図4-7を見ると、探索範囲が絞られていくことがわかります。データが少ないとそれほど効果があるように思えないかもしれませんが、データが増えると状況は大きく変わってきます。

1度比較すると探索範囲が半分になるということは、配列の要素数が2倍になっても比較回数は1回増えるだけです。図4-8のように、データの数が1000個に増えても10回程度、100万個に増えても20回程度の比較でどんなデータであっても見つけられます。二分探索の計算量は$O(\log n)$であることがわかります。

よって、データ量が多ければ線形探索よりも圧倒的に高速に探索できます。ただし、事前にデータの並べ替えが必要です。データの個数が少ないときには線形探索で十分な場合もあるため、使い分けるようにしましょう。

図4-7 二分探索

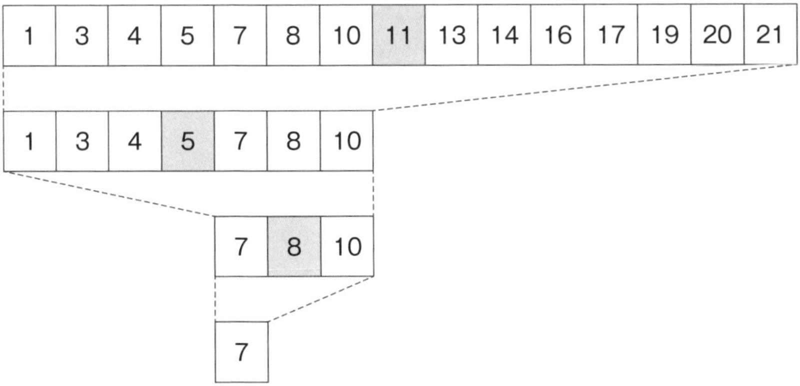

1	3	4	5	7	8	10	11	13	14	16	17	19	20	21

1	3	4	5	7	8	10

7	8	10

7

図4-8 二分探索での比較回数

データ数	比較回数
2個未満	1回
4個未満	2回
8個未満	3回
16個未満	4回
32個未満	5回
64個未満	6回
128個未満	7回
256個未満	8回

データ数	比較回数
512個未満	9回
1,024個未満	10回
……	……
65,536個未満	16回
……	……
1,048,576個未満	20回
……	……
42億個	32回

Point

- 探索範囲を半分に絞り込みながら探索する方法を二分探索という
- 二分探索するためには、データを事前に五十音順などに並べておく必要がある
- データ量が多くなると、線形探索よりも二分探索の方が圧倒的に高速に処理できる

近くにあるものを順に探索する

少しずつ深さを広げながら探索する

線形探索や二分探索では、1次元の配列からデータを探すことを考えました。しかし、第2章で紹介したように、データは配列に格納されているだけでなく、さまざまなデータ構造で格納されています。

例として、木構造のように格納されているデータの中から目的のデータを探すパターンを考えてみましょう。コンピュータのフォルダ内に格納されているファイルの中から「sample.txt」というファイルを探すような場面が考えられます。フォルダの中にさらにフォルダを作成できますので、どこまでも深く探す必要があります（図4-9）。

このような木構造を探索するときに、木構造の根に近いところから順に探索する方法として幅優先探索があります。**少しずつ、深く探索するため、近い階層にあれば高速に探索できます。**もし木構造の中から一番近いものを1つだけ求めればよい場合には、見つけた時点で処理を終了できるため効率的です。

探索しているデータの保管方法

幅優先探索で探索しているデータを保持するために、**2-21**で紹介したキューがよく使われます。最初キューには根の値だけを入れておき、節点を処理したときに、その要素の次の階層を調べ、子節点の値をキューに追加するのです。

これにより、キューからデータを取り出したとき、次の階層の節点の値がキューの最後に追加されます。キューに要素を追加しながら、前から順に処理することで、図4-10のように幅優先探索を実現できます。

木構造の場合、階層が深くなるほどその階層での節点の数が多くなることが多く、それだけキューのメモリ使用量が増加します。つまり、木構造の中から条件を満たすものをすべて調べようとすると、木構造のある階層での節点の数だけメモリを用意しておく必要があるのです。

図 4-9 ファイルの探索

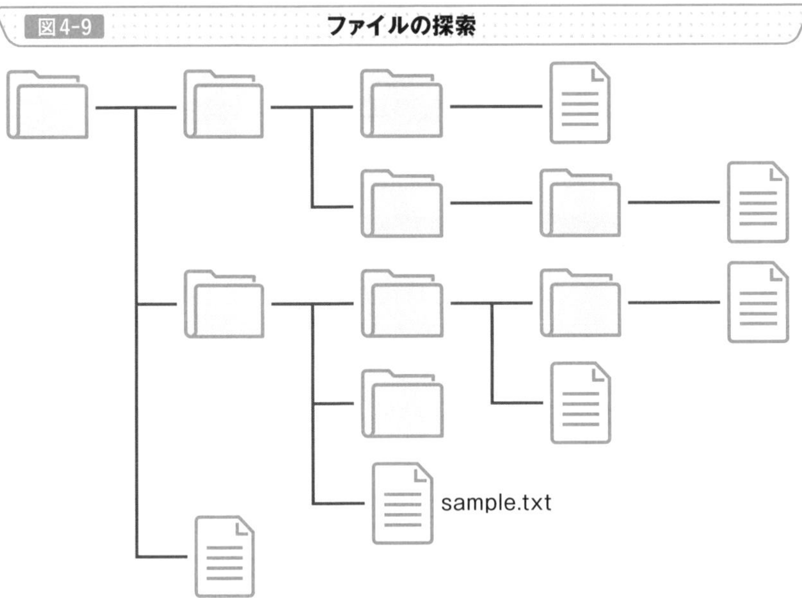

図 4-10 幅優先探索

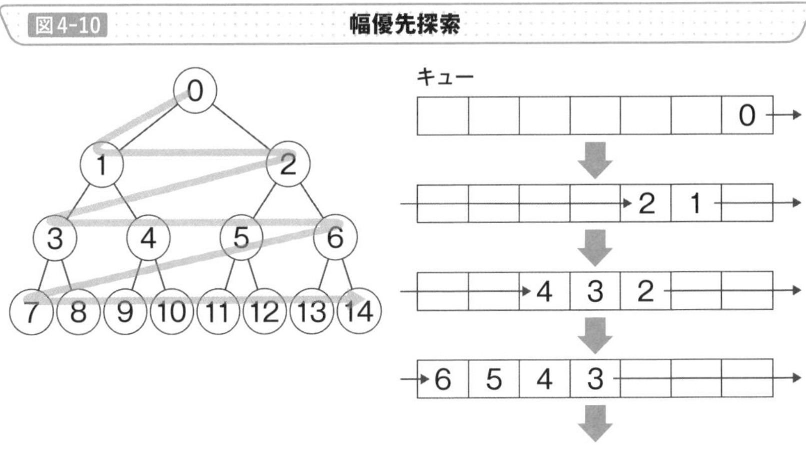

Point

- 木構造の根に近い方から順に深さを増やしながら探索する方法として幅優先探索がある
- 幅優先探索には探索中のデータを保持するためにキューがよく使われる

隣り合うものを順に探索する

すべてのパターンを調べる

幅優先探索と対照的な木構造の探索方法として深さ優先探索があります。これは、木構造をある方向へ進めるだけ進み、それ以上進めなくなった場合に処理を打ち切って戻る方法で、バックトラックとも呼ばれます。

オセロや将棋、囲碁など対戦型のゲームにおいて、ある深さまで全探索したい場合などによく使われ、**すべての経路を調べてその中でもっともよいものを選ぶときに向いています**（図4-11）。

ただし、根から近いものを1つだけ求めようと思っても、ある程度調べないとどれが一番近いものなのかを判断できません。

探索している経路の保管方法

深さ優先探索では**2-20**で紹介したスタックがよく使われます。まず、スタックには根の値だけを入れておきます。そして、節点を処理するときに、次の階層のデータをスタックに積みながら次に進むのです（図4-12）。

これにより、現在の節点から先の処理を打ち切る場合には、スタックから取り出すことで前の階層に戻ることができます。そして、次の節点に進むことを繰り返すことで深さ優先探索を実現できます。

幅優先探索ではキューにその階層のデータをすべて保持しておく必要がありましたが、深さ優先探索ではその節点までの経路を記録しておくだけです。つまり、階層が深くなっても、木構造の深さの分だけメモリを確保しておけば十分です。木構造の中から条件を満たすものをすべて調べる場合であっても、木構造の階層の深さを調べて、その分だけメモリを用意しておけばよいのです。

このように、単純な木構造の探索であっても、メモリ使用量や探索する内容、探索を打ち切る条件などを考慮して、幅優先探索と深さ優先探索を使い分ける必要があります。

図4-11 深さ優先探索

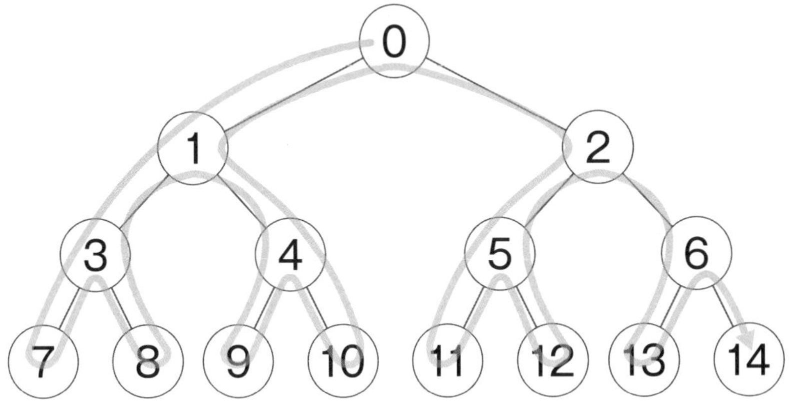

図4-12 深さ優先探索でのスタック

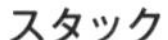

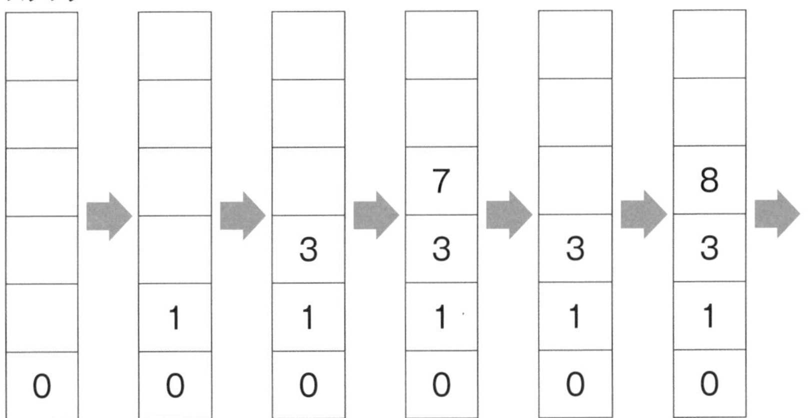

Point

- 木構造をある方向へ進めるだけ進み、進めなくなった場合に戻って探索する方法として深さ優先探索がある
- 深さ優先探索では、探索中のデータを保持するためにスタックがよく使われる

階層を深く探索する

ある関数の中でその関数を呼び出す

深さ優先探索の処理をプログラムとして実装することを考えると、あるノードから次のノードを探す処理はどこのノードでも同じです。つまり、あるノードからその子ノードにたどる関数を作成すると、その子ノードから次を探すときには同じ関数を使えそうです。

このように、**ある関数の中から自身の関数を呼び出すような書き方**を**再帰**といい、再帰的に関数を呼び出すことを**再帰呼び出し**といいます。再帰は身近な例として図4-13のようなテレビの絵で表現されます。カメラでテレビを撮影し、撮影している内容をそのテレビに映し出している様子で、実際に試してみると、テレビの中に延々とテレビの映像が繰り返して表示されます。

再帰を使うと**プログラムをシンプルに実装できる一方で、終了条件を指定しないと延々と処理を続けてしまいます**。そこで、再帰を使う場合には終了条件が必須になります。

探索を打ち切ることで処理速度を上げる

木構造ですべてのパターンを表現できるのであれば、再帰でたどることですべてを調べられます。しかし、実際にはすべてのパターンを調べられない場合があります。

例えば、将棋や囲碁のようなゲームを考えると、そのパターンは膨大になり、すべて調べることは現実的ではありません。そこで、一定の基準をもうけて、探索を打ち切る方法が使われます（図4-14）。3手先まで読むと決めれば、探索する深さを決められますし、明らかに負けとわかればそれ以上の探索を打ち切ることもできます。このように途中で探索を打ち切る方法を**枝刈り**といいます。

木構造の探索では**深くなるほど探索量が爆発的に増加するため、早い段階で枝刈りをすることで効果が大きくなります**。

図4-13 再帰のイメージ

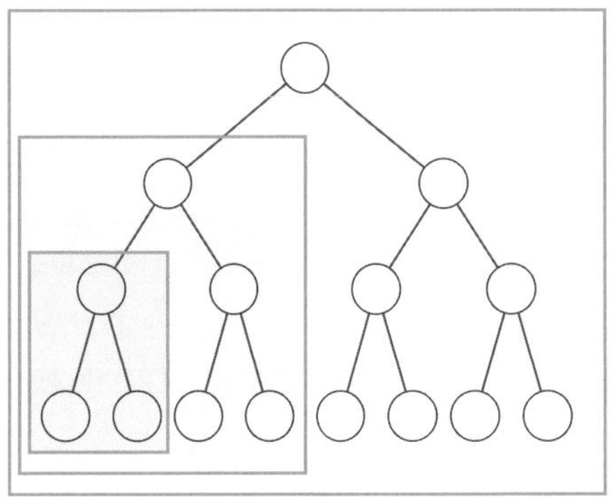

図4-14 枝刈り

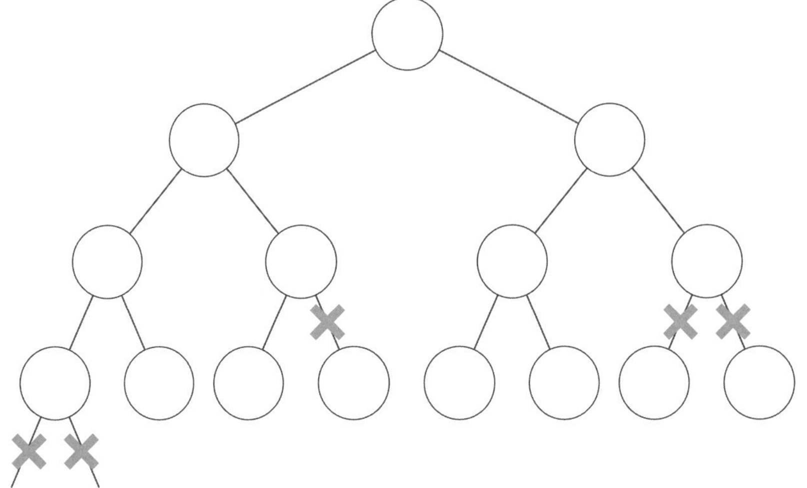

Point

- ある関数の中から自身の関数を呼び出すような書き方を再帰という
- 再帰を使う場合には終了条件を指定する必要がある
- 木構造の途中で探索を打ち切る方法として枝刈りがあり、早い段階で打ち切ることで大きな効果が得られる

» 木構造の探索順による違い

行きがけ順と帰りがけ順

木構造を深さ優先探索で探索するとき、同じ節点を何度も調べると効率が悪いため、**それぞれの節点を1回だけ調べたいものですが、抜けがあると困ります。**

そこで、木構造を順に処理する順番として3通りの考え方があります。1つ目は**行きがけ順**（先行順）で、各節点の子をたどる前に、その節点を処理します（図4-15左）。

一方、行きがけ順とは反対に、各節点の子をたどったあとでその節点を処理する方法を**帰りがけ順**（後行順）といいます（図4-15右）。

2分木のときだけ使える通りがけ順

左側の子節点をたどったあとにその節点を処理し、続いて右側の子節点を処理する方法を**通りがけ順**（中間順）といいます（図4-16）。この方法は子節点が3つ以上あるような場合にはどのタイミングで処理すればよいのかわからなくなるため、2分木のときしか使えません。

ポーランド記法と逆ポーランド記法

上記の3つを比較する例として、数式の表記が挙げられます。例として、図4-17のような木構造で計算する場面を考えてみましょう。

私たちが普段から使っている数式は、四則演算の記号を数字の間に書きます。これは通りがけ順で処理していると考えられます。一方、行きがけ順で処理したものを**ポーランド記法**、帰りがけ順で処理したものを**逆ポーランド記法**といいます。

ポーランド記法や逆ポーランド記法を使えば、演算子の優先順位を変えるために括弧を使う必要がないことから、電卓のようなプログラムを実現するときによく使われます。

図4-15 **行きがけ順と帰りがけ順**

行きがけ順

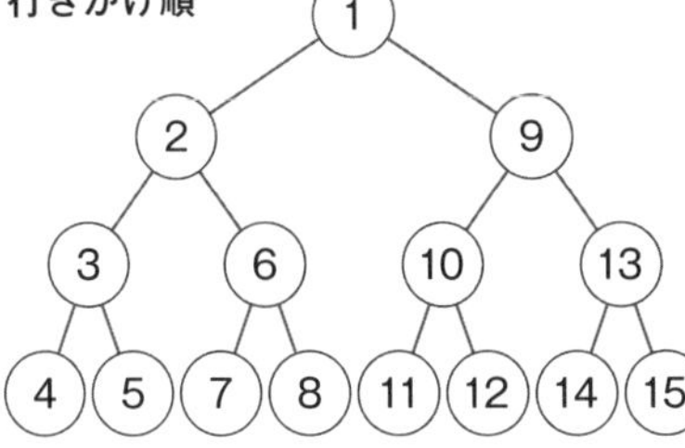

帰りがけ順

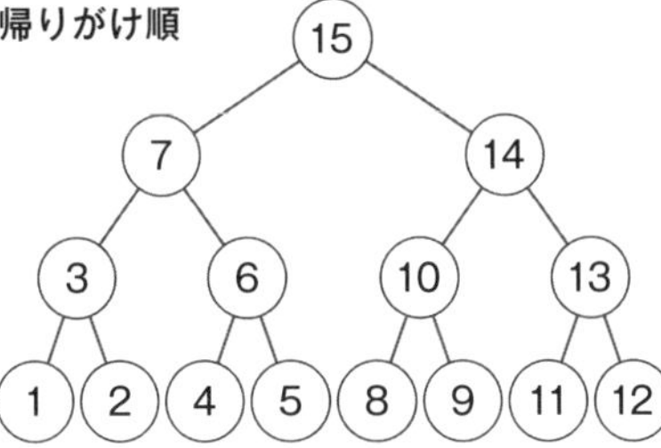

図4-16 **通りがけ順**

通りがけ順

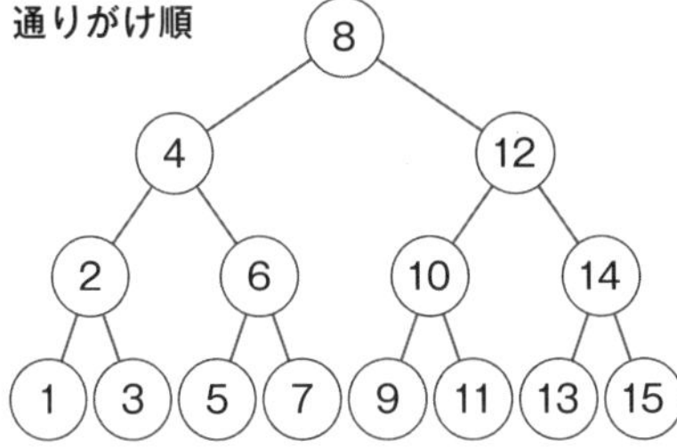

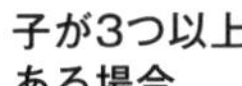

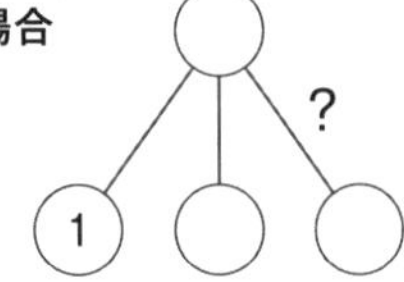

図4-17 **ポーランド記法と逆ポーランド記法**

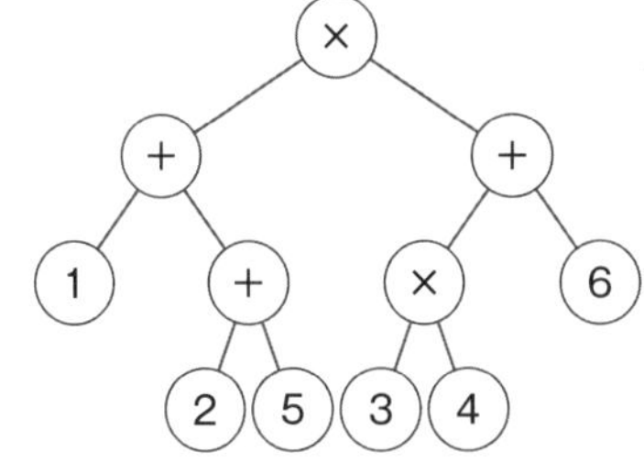

【通常の数式】
(1+(2+5))×((3×4)+6)

【ポーランド記法】
× + 1 + 2 5 + × 3 4 6

【逆ポーランド記法】
1 2 5 + + 3 4 × 6 + ×

Point

- 木構造でノードの子をたどる前にそのノードを処理する方法として行きがけ順があり、たどったあとに処理する方法として帰りがけ順がある
- 左側の子ノードをたどったあとにそのノードを処理し、続いて右側のノードを処理する方法として通りがけ順がある

逆方向からも探索する

交互に探索して効率化する

線形探索や二分探索、幅優先探索や深さ優先探索はいずれも一方向から探索しました。これらに逆方向からの探索を組み合わせると、効率よく探索できる場合があります。

例として、迷路のようなパズルを解くことを考えてみましょう。この場合、スタートからゴールに向かって探索するだけでなく、ゴールからスタートに向かって探索しても同じ結果が得られるはずです。

しかし、単純に逆方向に探索するだけでは処理時間はほとんど変わりません。調べる道順によって若干の差はありますが、探索にかかる時間はほぼ同じでしょう（図4-18)。

ここで登場するのがスタートから探索すると同時にゴールからも探索する双方向探索です。同時といっても実際には交互に探索することを考えます。**両方から幅優先探索を進めて、途中で出会えばそれが最短経路である**ことがわかります（図4-19)。

調べる経路の数を考える

図4-19の右側のように双方向から探索すると、一方向から探索するよりも、調べる経路の数が少なくて済みそうです。すべての分岐で2通りの選択肢があると仮定し、スタートからゴールまでの間に12箇所の分岐が存在すると、スタートから調べた場合の経路は$2^{12}=4096$通りが考えられます。

これを双方向から探索すると、それぞれ6箇所の分岐を調べるので$2^6=64$通りとなり、これをそれぞれの向きから考えると$64\times2=128$通りです。つまり、調べる経路の数が約30分の1になっていることがわかります。分岐の数が増えれば、その差もそれだけ大きくなります。

双方が出会ったことの判定が少し面倒ですが、処理時間を考えると圧倒的に高速に処理できます。

図4-18 **迷路の探索**

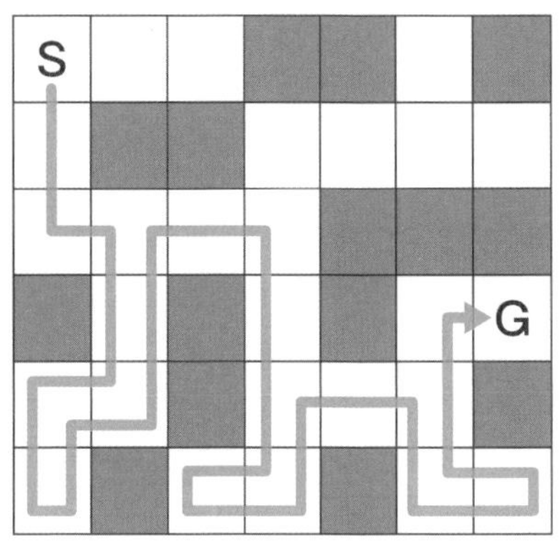

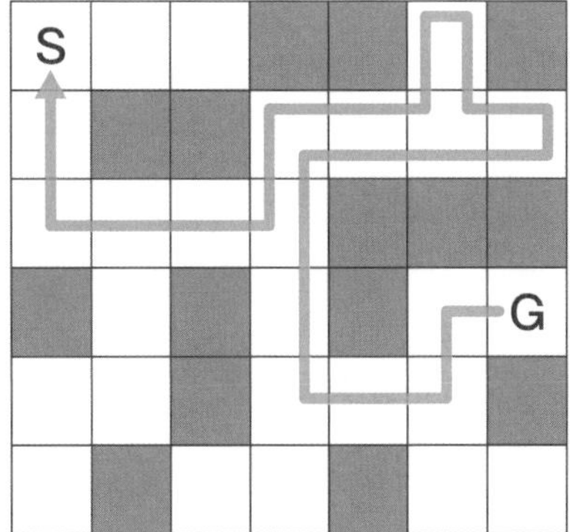

図4-19 **双方向探索**

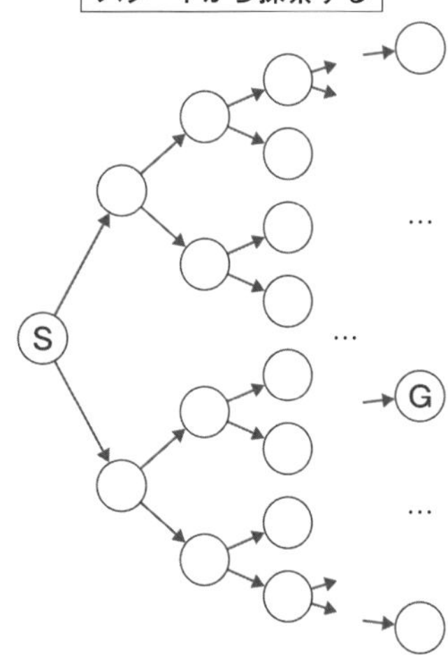

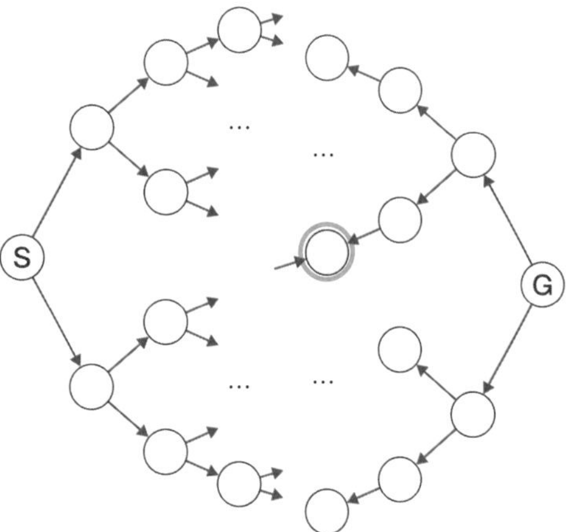

Point

- スタートとゴールから同時に（交互に）探索する方法として双方向探索がある
- 双方向探索を使い、途中で出会ったときに探索を終了すれば、一方向で探索するよりも高速に処理できる

始点と終点を変えて探索する

連続する区間で条件を満たすものを調べる

春になると桜の開花発表が行われますが、その目安として「最高気温の積算が600度を超える」「平均気温の積算が400度を超える」というものがあります。この場合は2月1日以降の気温を合計する、という簡単なものですが、それでは「ある年で最高気温の積算が600度を超える連続日数がもっとも長いのは？」という質問があればどうすればよいでしょうか。

開始日も終了日もわからない場合、すぐに思いつくのは開始日を1月1日にして600度を超えるまで足し算する、次は開始日を1月2日にして、と繰り返す方法です（図4-20）。しかし、これでは効率が悪いです。

そこで、開始日を固定して終了日をずらしていき、600度を超えた時点で今度は600度を下回るまで開始日をずらす方法があります。そしてまた600度を超えるまで終了日をずらすのです（図4-21）。

これは左端を減らすと合計が減り、右端を増やすことで合計が増えるという特徴を使用しています。そのため、**連続する区間であることが条件で、最小の長さや最大の長さを求める、もしくは個数を数えるような場合にしか使えません**。この左端を縮めたり、右端を広げたり、といったことを繰り返して探索する方法が「しゃくとり虫」の歩き方に似ていることからしゃくとり法といわれています。

計算量を考える

しゃくとり法を使わない場合、開始位置をずらす処理の中で、終了位置をずらす処理が行われます。つまり、二重ループが必要になり、計算量を考えると $O(n^2)$ です。

一方で、しゃくとり法を使うと、開始位置も終了位置も単純に左端から右端まで順番に動いているだけです。動くペースは異なりますが、それぞれ一方向に順に動くだけなので $O(n)$ となります。

図4-20 区間の合計

日付	1/1	1/2	1/3	1/4	1/5	1/6	1/7	1/8	1/9
気温	12℃	14℃	13℃	12℃	15℃	13℃	14℃	17℃	16℃

600度を超えるまで調べる

600度を超えるまで調べる

600度を超えるまで調べる

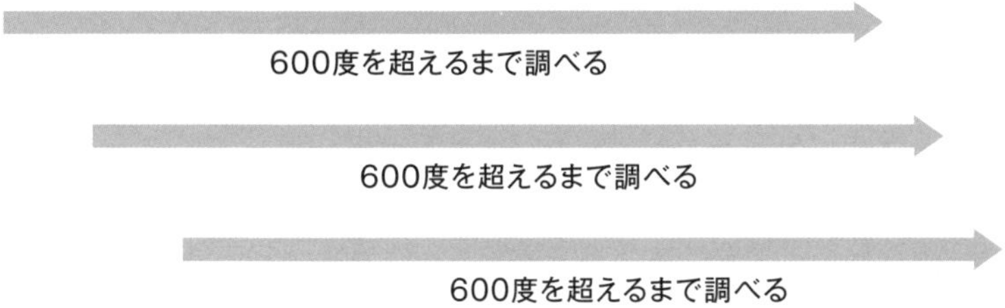

図4-21 しゃくとり法

日付	1/1	1/2	1/3	1/4	1/5	1/6	1/7	1/8	1/9
気温	12℃	14℃	13℃	12℃	15℃	13℃	14℃	17℃	16℃

600度を超えるまで調べる

左端を1日減らす

600度を超えるまで右端を1日増やす

左端を1日減らす

600度を超えるまで右端を1日増やす

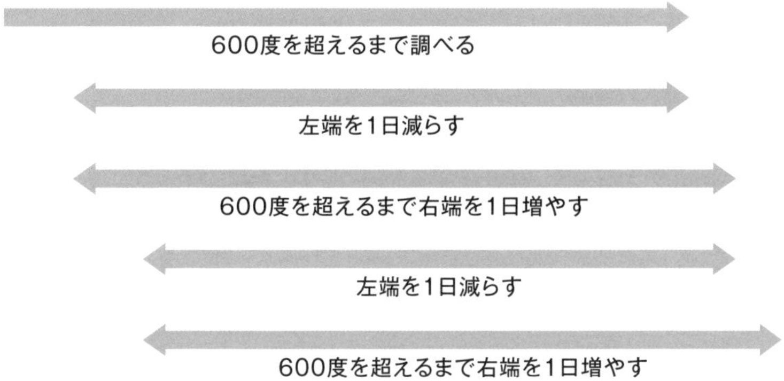

Point

- 左端を縮めたり、右端を広げたり、という操作を繰り返して探索する方法としてしゃくとり法がある
- しゃくとり法を使うには、連続する区間である必要がある
- しゃくとり法を使えば、単純な方法よりも高速に条件を満たすものを見つけられる

辺に注目して最短経路を探す

もっとも効率よい経路を求める

乗り換え案内やカーナビなどは、私たちの生活になくてはならないものになりました。これらのシステムを実現するためには、高度なアルゴリズムが使われています。例えば、考えられる複数の経路の中からもっとも効率のよい（コストが小さい）経路を求める問題は最短経路問題と呼ばれています（図4-22）。

経路を調べるとき、**図のような丸と線で経路を表現する方法がよく使われ、これをグラフといいます**。木構造と同じく、それぞれの円を頂点や節点（ノード）、線を辺（エッジ）や枝といいます。この経路をすべて調べることを考えると、ノードがn個の場合、1つ目のノードの選び方がn通り、2つ目が$n-1$通り、とすべてのノードについて調べると全部で$n\times(n-1)\times\cdots\times2\times1=n!$となり、$n$が増えると膨大な数です。そこで、効率よく最短経路を求める方法が必要となります。

辺の重みに注目して最短経路を求める

最短経路を求めるとき、辺の重み（コスト）に注目する方法としてベルマン・フォード法があります。最初はスタートから各ノードまでのコストの初期値として、開始点は0、それ以外の地点は無限大に設定しておきます（図4-23）。このコストは開始点からそのノードに至る最短経路の長さの暫定値です。辺を1つ選んだとき、その辺の両端のノードのコストのうち、小さい方のノードのコストに辺のコストを加算した値が、もう一方のノードのコストよりも小さい場合、大きい方のノードのコストを更新します。これにより、計算が進むにつれてだんだん小さくなります。

この作業をすべての辺に対して繰り返し、また最初から同じ作業を行います。すべてのノードについてコストの更新が行われなくなれば処理終了で、開始点からすべてのノードへの最小コストが求められています。メリットは、コストがマイナスであっても問題なく処理できることです。

図4-22 **最短経路問題**

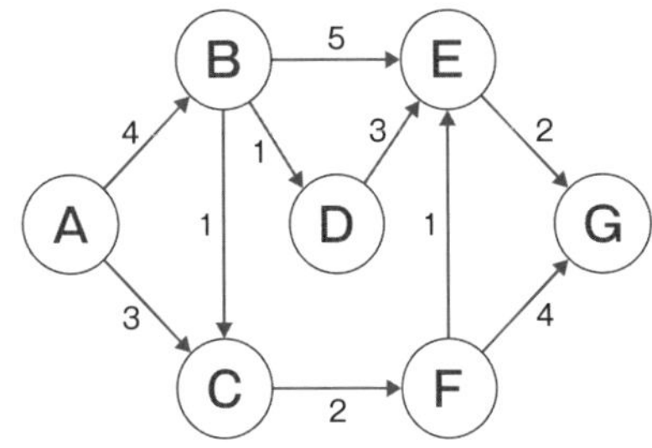

経路	距離
A→B→D→E→G	10
A→B→E→G	11
A→B→C→F→E→G	10
A→B→C→F→G	11
A→C→F→E→G	8
A→C→F→G	9

図4-23 **ベルマン・フォード法**

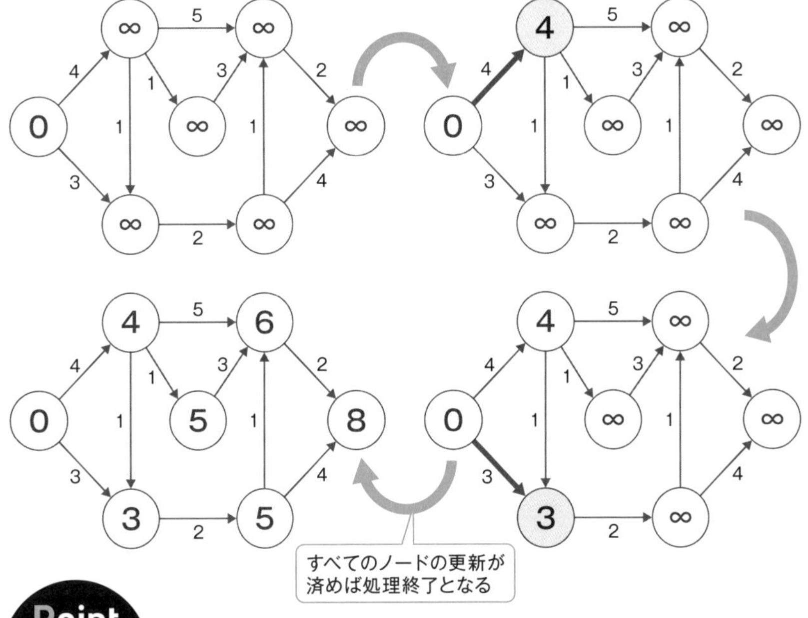

Point

- 地図などで複数の経路の中からもっとも効率のよい経路を求める問題として最短経路問題がある
- 最短経路を求めるとき、辺の重みに注目する方法としてベルマン・フォード法がある
- ベルマン・フォード法は辺の重みがマイナスであっても問題なく処理できる

ノードに注目して最短経路を探す

高速に最短経路を求める

ベルマン・フォード法でも最短経路を求められましたが、もう少し工夫して高速に求めてみます。ベルマン・フォード法は辺に注目して計算を進めましたが、ノードに注目して計算を進める方法として**ダイクストラ法**があります。

この方法では**現在のノードに接続しているノードの中から、コストがもっとも小さくなるノードを選択することを繰り返して探索します**。ベルマン・フォード法で使ったものと同じグラフを使って考えてみましょう。

最初のノードはコストを0として配置し、そのノードから到達できるノードとそのコストを調べます（図4-24）。そして、コストが一番小さいノードを選び、次にそのノードから到達できるノードとそのコストを調べます（図4-25）。

これを繰り返し、まだ処理していないノードから、順に最小のコスト候補であるノードを選んでいきます。そして、最小のコストであることが確定したノードに印をつけておき、まだ印のついていないノードからコストが一番小さいノードを探します。

すると、図4-26のようになり、最短の経路が求められます。今回の場合はコストが8であることがわかります。

コストの値に注意!

ダイクストラ法では、コストが最小のものを求めるだけなので、最小のものが見つかれば、それ以上探索する必要がないことが特徴です。ただし、コストの値としてマイナスが入っていると、正しい経路を求められない場合があります。

上記の方法では、まだ印のついていないノードを探しましたが、ここに優先度付きのキューを使うことで高速化する方法が知られています。ぜひ調べてみてください。

図4-24 ダイクストラ法

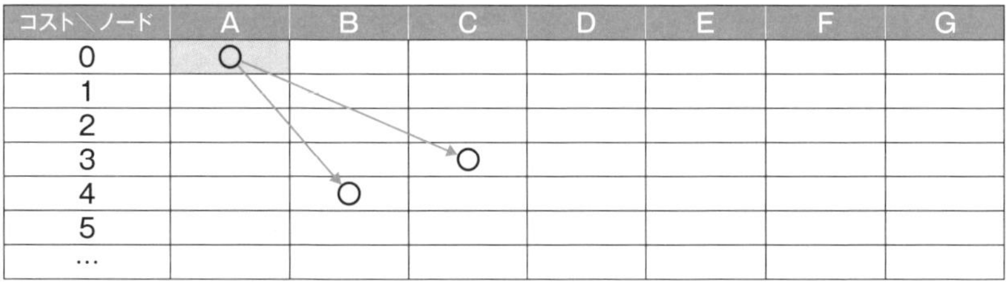

コスト＼ノード	A	B	C	D	E	F	G
0	○						
1							
2							
3			○				
4		○					
5							
…							

図4-25 ダイクストラ法で次を探索

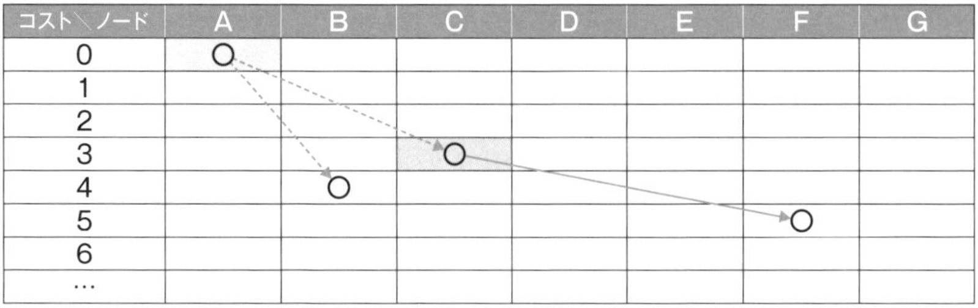

コスト＼ノード	A	B	C	D	E	F	G
0	○						
1							
2							
3			○				
4		○					
5						○	
6							
…							

図4-26 ダイクストラ法での完成形

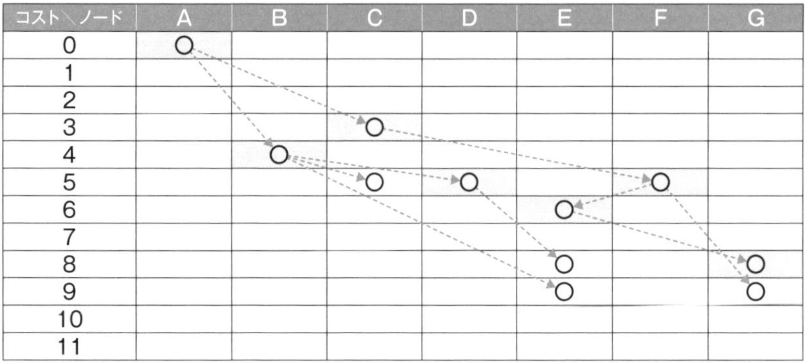

コスト＼ノード	A	B	C	D	E	F	G
0	○						
1							
2							
3			○				
4		○					
5			○	○		○	
6					○		
7							
8					○		○
9					○		○
10							
11							

Point

- 最短経路問題を解くとき、ノードに注目して計算を進める方法としてダイクストラ法がある

経験則を生かして探索する

無駄な経路をできるだけ探索しない

ダイクストラ法をさらに発展させた手法としてA*（エースター）があります。これは、**ゴールから遠ざかるような無駄な経路は探索しないように工夫することで高速化する方法**です。

例えば、図4-27のような配置で、AからGに向かうとき、逆方向であるXやYの方向に向かう経路を調べるのは明らかに無駄です。そこで、目的地から遠ざかっていることを判断するために、スタートからゴールへのコストだけでなく、現在地からゴールへのコストの推定値を考えます。

この推定値として、座標平面の場合は**ユークリッド距離**や**マンハッタン距離**などが使われます（図4-28）。ユークリッド距離は2点間の直線での距離を求める方法で、マンハッタン距離は、座標のx軸とy軸の差の絶対値を使う方法です。マンハッタン距離では、2点間の距離として、どの経路を使っても同じ値が得られます。

推定値を踏まえた探索

スタートから実際にかかるコストと、推定コストを足し合わせることで、遠ざかっている経路をできるだけ探さないようにします。ここでは、ゴールまでの推定値が図4-29のように与えられたとします。ノードの中で右下に書かれている値（X/10なら10）がゴールまでの推定値です。

この推定値はあくまでも予想なので、正確ではありません。しかし、この推定値とコストを使ってダイクストラ法と同じようにコストを更新していくことで、最短距離を見つけることができます。

このとき、コストの推定値を実際の値よりも大きくしてしまうと、A*では最短経路が見つけられるとは限りません。また、このコストは固定である必要があり、これが変化してしまうと最適解を見つけることはできませんので注意が必要です。

図4-27 **無駄な経路の例**

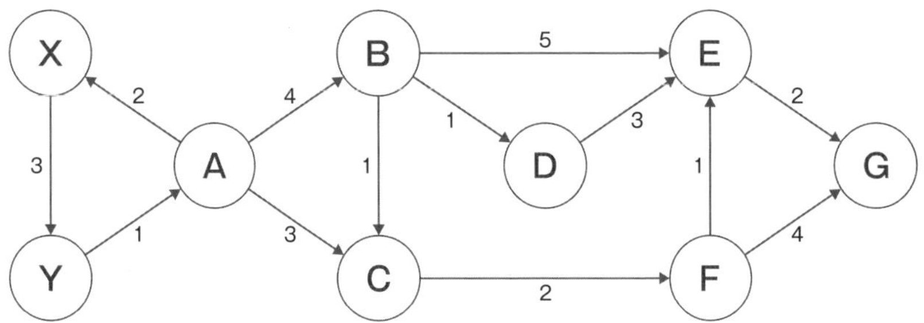

図4-28 **ユークリッド距離とマンハッタン距離**

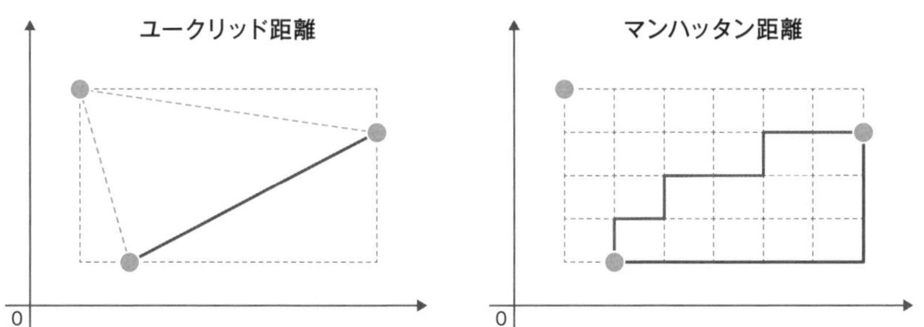

図4-29 **経路の推定値**

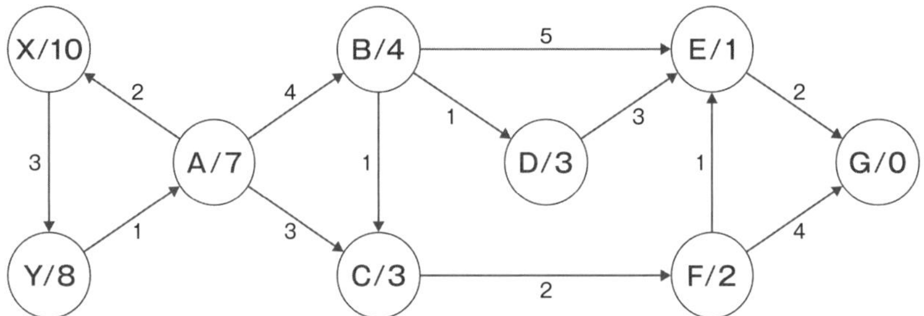

Point

- 最短経路問題で無駄な経路をできるだけ探索しない方法としてA*がある
- A*の推定値としてマンハッタン距離などが使われる

損害が最小になるものを求める

対戦型ゲームでのコンピュータの思考

オセロや将棋、囲碁のような対戦型のゲームでは、自分だけでなく相手の行動も考える必要があります。このような対戦型のゲームに勝つコンピュータを作りたいと考えた場合、何手か先を読むことが必要です。

このときに使われる方法としてミニマックス法があります。これは、**相手が自分にとってもっとも不利な行動を選ぶと仮定して、最善の行動を選ぶ方法**です。例えば、ある局面で4通りの行動があったとします。そして、その先の相手の行動も考えると、図4-30のような木構造で考えられ、一番下に最終的な局面での評価値が与えられています。この評価値が高い方がコンピュータにとって有利であることを意味しています。

ここで、まずは図4-31の色をつけた場面でのコンピュータの行動を考えてみます。このときはコンピュータにとって一番有利な行動を考えるため、選択できる行動の中から評価値がもっとも高いものを選びます。次の人間は、コンピュータにとってもっとも不利な行動を選ぶでしょう。つまり、図4-32では、選択できる行動の中から評価値がもっとも低いものを選びます。

最後に、4つの行動の中からコンピュータがもっとも有利なものを選ぶため、評価値がもっとも高いものを選びます。このように、それぞれが最善の行動を選ぶと考えて、評価値の高いものと低いものを選ぶのです。

無駄な探索を防ぐアルファベータ法

ミニマックス法では、すべてのパターンを調べて評価値が高いものを選んでいましたが、実際には無駄な探索が行われています。それまでに発見した自分の手番でもっとも大きな評価値よりも小さな評価値の手は、それ以上探す必要がありません。同様に、相手の手番でもっとも小さな評価値より大きな評価値になれば打ち切ることができます。このように工夫した方法をアルファベータ法（αβ法）といいます。

図4-30　ミニマックス法

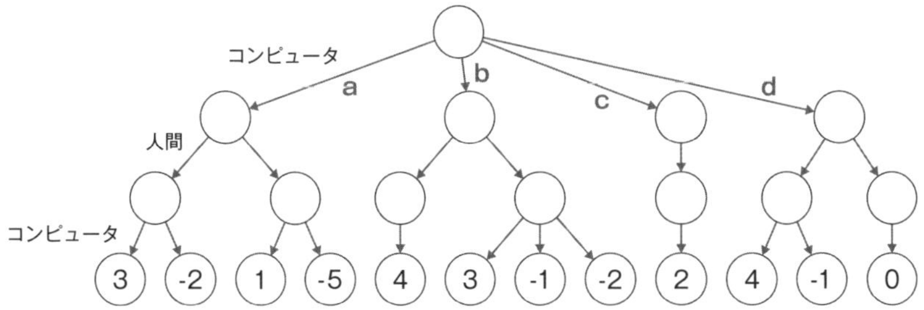

図4-31　コンピュータの手を考える

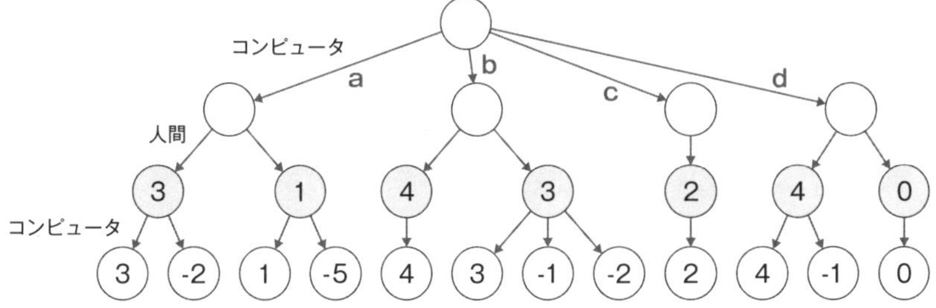

図4-32　人間の手を考える

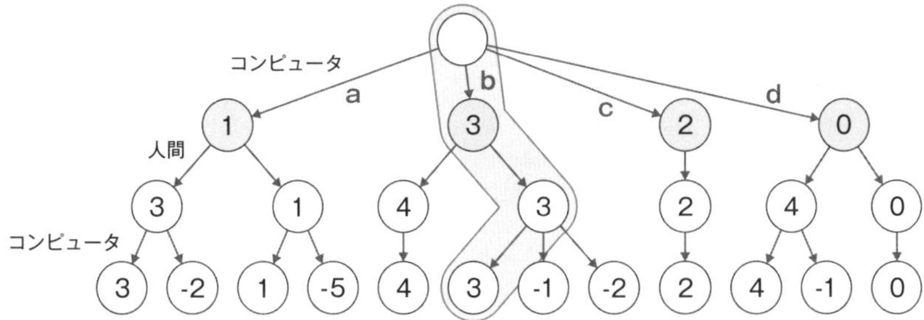

Point

- 対戦型のゲームで、相手が自分にとってもっとも不利な行動を選ぶと仮定して最善の行動を選ぶ方法にミニマックス法がある
- ミニマックス法を工夫した方法としてアルファベータ法がある

文章から文字列を検索する

力任せに文字列を探索する

WebページやPDFファイルなどを開いて、その文書内で特定の言葉がどこに書かれているか知りたいとき、ソフトウェアが備える検索機能を使うことがあります。長い文章の中から特定の文字列を探すとき、書籍のように索引が用意されていれば、目的のキーワードに到達できるかもしれませんが、多くの文章に索引はありません。

アルゴリズムとしてすぐに思いつくのは、前から順に1文字ずつ調べて、一致するまで探す方法でしょう。このとき、文書ファイルなどのことをテキスト、見つけたい文字列のことをパターンといいます。

例えば、SHOEISHA SESHOPというテキストの中から、SHOPというパターンが最初に登場する位置を調べる場合、先頭の「S」を比較して一致するか調べます。そして、次の「H」を比較し、というように1文字ずつずらして探します。一致しなかった場合、先頭の文字を1文字ずらして調べます。

この方法では、**途中まで一致していたのに不一致な状況が発生するとテキストの位置を戻して再度検索する必要があります**。これは単純な方法で、**力任せ法**や**ナイーブ法**と呼ばれ、効率はよくありません（図4-33）。

テキストの位置を戻さず高速化する

力任せ法のように1文字ずつずらすのではなく、**不一致となった場合にテキストの位置を戻すことなく進めて高速化する方法**として**KMP法**（Knuth-Morris-Pratt法）があり、発案者3人の名前の頭文字から名付けられました。

パターンに含まれるそれぞれの文字について、不一致になったときに、テキストに存在しない文字であれば一気にずらすことで、図4-34のように検索します。これにより力任せ法よりは高速に処理できそうですが、多くの文章ではそれほど性能に差がないことが知られています。

図4-33 力任せ法

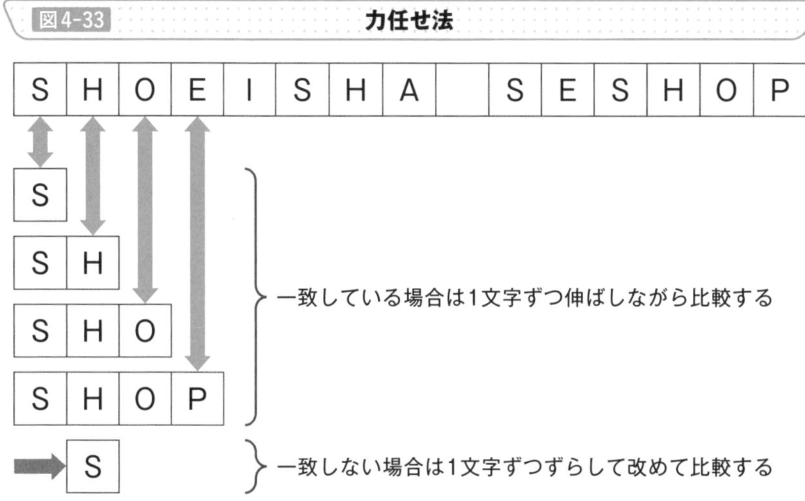

図4-34 KMP法

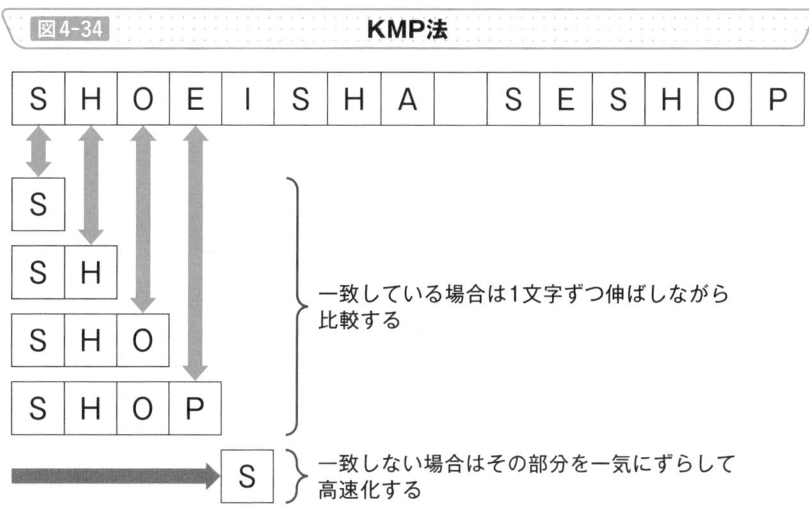

Point

- 文字列を検索するとき、前から順番に単純に比較する方法として力任せ法がある
- 文字列の検索で不一致になった場合に、比較する位置を戻さずに検索する方法としてKMP法がある

» 工夫して文字列を検索する

文字列を後ろから比較する

文字列を検索するとき、力任せ法やKMP法は前から比較しましたが、後ろから比較する方法として**BM法**（Boyer-Moore法）があります。KMP法と同じように発案者の頭文字から名付けられたアルゴリズムです。

この「**後ろから比較する**」**というところがポイントで、一致しなかった場合に大きくずらせる可能性があります**。つまり、パターンの文字数が長い場合はテキストの前半を見ることなく一気に読み飛ばせるのです。このとき、不一致になった文字によってずらす文字数を考えるため、事前にパターンに登場する文字を調べ、「ずらし表」を作成しておきます。

例えば、図4-35のようにずらす文字数を設定しておくことで、テキスト側で比較に使った文字がパターンに含まれていない場合、設定しておいた文字数の分だけ一気にスキップできます。

計算量を比較する

パターンの文字数が m、テキストの文字数が n の場合にそれぞれの文字列検索アルゴリズムの計算量を比較してみます。例として、力任せ法は1つずらして、一致しないときは戻ることを考えると、その計算量は $O(mn)$ となります。

KMP法では、不一致になった場合も戻らないため、比較は $O(n)$、ずらし表の構築に $O(m)$ なので全体で $O(m+n)$ となります。つまり、力任せ法よりは効率のよいアルゴリズムであることがわかります。実際にはテキストとパターンが似ているという状況は少なく、複雑なアルゴリズムを実装するよりも力任せ法の方が速い場合もあります。

BM法では多くの場合、パターンの文字数である m 文字ずつずれていき、$O(n/m)$ となります。いずれか1つを見つけるだけであれば、最悪の場合でも比較に $O(n)$、ずらし表の構築に $O(m)$ となり、全体で $O(m+n)$ なので、現実的にはもっとも高速に処理できます（図4-36）。

図4-35 **BM法**

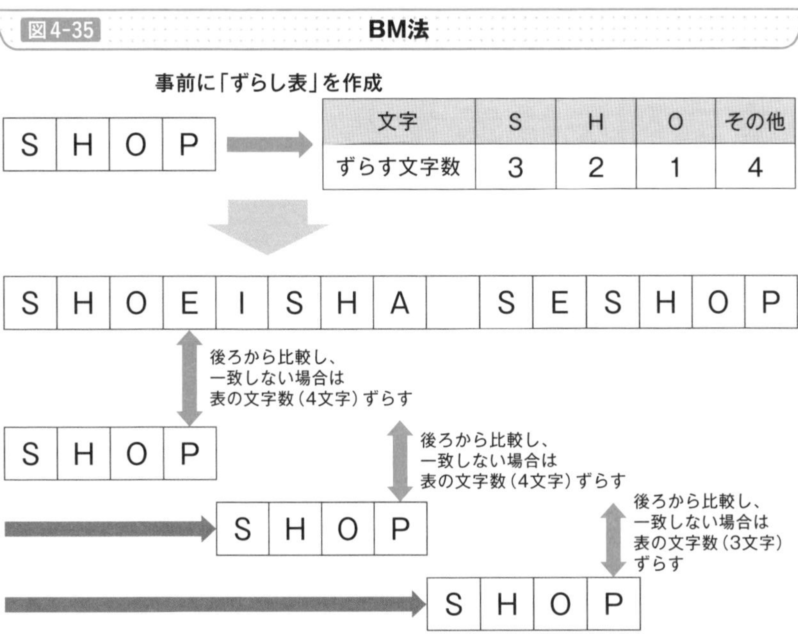

図4-36 **処理時間の比較（著者の手元の環境にて実行）**

アルゴリズム	約1MBのテキストから適当な10文字を10回検索	約1MBのテキストから適当な50文字を10回検索
力任せ法	3.20秒	3.15秒
KMP法	2.58秒	2.51秒
BM法	0.67秒	0.25秒

Point

- 文字列検索での力任せ法やKMP法とは異なり、文字列を後ろから比較する方法としてBM法がある
- BM法は不一致になったときに大きくずらせる可能性があるため、力任せ法やKMP法よりも高速に処理できる

特定のパターンに合致する文字列を検索する

さまざまな文字列を1つの書式で表現

ここまで紹介した文字列の検索は、特定の文字列をテキストの中から探す方法でしたが、実際には似たような文字列を1度に検索したい、特定の書式に沿っているか確認したい、という場合もあります。

例えば、「macOS」「MacOS」「mac OS」「Mac OS」という4つのパターンが登場するか調べたいときに、**それぞれのパターンを順に調べるのは面倒ですので、これを1度に検索できると便利**です。

このような場合に使われるのが**正規表現**で、この場合は「[mM]ac¥s?OS」といった表記で検索すると、上記のいずれにもヒットします。

また、郵便番号の書式として、数字3桁とハイフン、さらに数字4桁というものが考えられます。与えられた文字列がこの書式に従っているか調べたい場合、「¥d{3}-¥d{4}」という表記が考えられます。

正規表現では、図4-37のような特殊文字が使われ、これをメタ文字といいます。

状態遷移図で考える

正規表現をプログラミング言語の中で使うとき、基本的には各言語に用意されているライブラリを使うだけです。しかし、内部でどのような処理が行われているのかを知っておくと、正規表現のパターンの書き方を工夫できる場合もあります。

ただし、正規表現の処理は複雑で、これだけで1冊の本になるくらいのため、ここでは状態遷移図での考え方だけを紹介します。例えば、「a*b+c?d」という正規表現は、図4-38のような状態遷移図で表現できます。

このように、入力された内容によって状態を変化させることで、パターンにマッチしているかを確認しているのです。詳しく知りたい方はぜひ専門書を読んでみてください。

図4-37 **メタ文字の例**

メタ文字	意味	メタ文字	意味
.	任意の1文字	¥s	半角スペース
^	行頭	¥d	半角数字
$	行末	¥w	半角英数字とアンダースコア
¥n	改行	¥t	タブ文字
*	直前のパターンの0回以上の繰り返し		
+	直前のパターンの1回以上の繰り返し		
?	直前のパターンの0回か1回の繰り返し		
{num}	直前のパターンのnum回の繰り返し（numには数字が入る）		
{min,max}	直前のパターンのmin回からmax回の繰り返し（min, maxには数字が入る）		

図4-38 **状態遷移図**

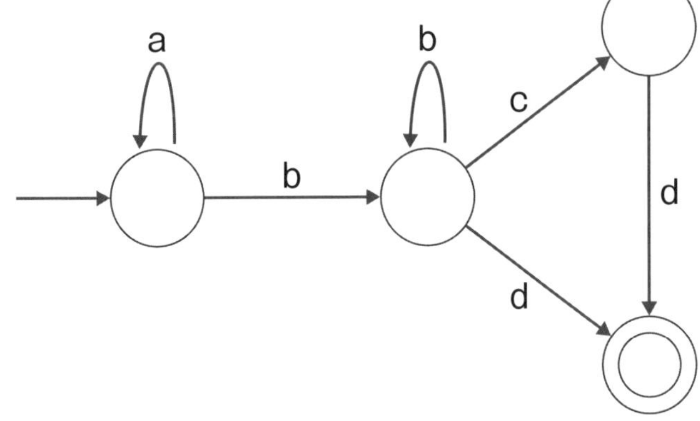

Point

- 正規表現を使えば、指定した条件に一致する文字列を1度に検索できる
- 正規表現の動作を確認するにはプログラミング言語が用意しているライブラリを使う方法だけでなく、状態遷移図を描いてみる方法がある

やってみよう

身近に使われている探索の手法を想像してみよう

多くのデータの中から欲しいデータを見つける、といえばGoogleのような検索エンジンを思い浮かべる人が多いかもしれません。インターネット上には膨大なデータが存在し、その中から利用者に合わせて順番に並べて抽出する技術は非常に複雑です。

身近な例としては、路線探索も「探索」のアルゴリズムが重要な技術です。所要時間や費用、徒歩での移動距離などの条件を考え、私たちが効率よく移動できるものを、膨大な経路の中から調べる必要があります。

日本人の場合には、「かな漢字変換」も重要な技術です。キーボードからひらがなを入力して、それを漢字やカタカナなどに変換するだけでなく、最近ではスマートフォンなどを中心に、一部の文字を入力するだけで変換候補を予測して、一覧として表示してくれます。この裏側には大きな辞書があり、その中から文脈を予測して求める単語を探索し、利用者が求める変換結果を表示してくれます。

他にどのようなところで探索が使われているか、探してみてください。

探索の場面	探索の手法	使われている目的（予想）
例）自転車のパンク修理	チューブを水につける	パンクしている部分をもれなく調べる

第5章

機械学習で使われるアルゴリズム

~AIを支える計算手法~

データから分類や予測を実行

一般的なソフトウェアとの違い

私たちが利用するソフトウェアの多くは、事前に定められた仕様やルールに従って作られています。この仕様は人間が考えたもので、既存の業務や要件に応じて決められています。

仕様やルールを定められるのであれば、通常のソフトウェアの開発方法で問題ないのですが、人間の知識のようなものを表現しようとすると、現実的ではなくなります。例えば、医者が病気を診断するときに使う知識をすべて書き出し、ソフトウェアで実現しようとするのは非常に困難です。

そこで、**たくさんの過去の事例をもとに、自動的にルールを学習させる**方法が**機械学習**です（図5-1）。大量のデータを与えることで、コンピュータに自動的に学習してもらおうという考え方で、**学習と予測（推論）という2つのステップに分かれている**ことが特徴です。

機械学習を使う場面

機械学習はどんな場合にも使えるのではなく、得意な分野が限られており、主に分類や回帰に使われます（図5-2）。

分類とは、与えられたデータをいくつかのグループに分けることです。例えば、動物の写真が与えられたとき、「犬の写真」と「猫の写真」に分けたり、手書きの数字が書かれた画像を同じ数字に分けたりすることが該当します。

回帰は、与えられたデータから何らかの数値を求める場合に使われます。例えば、風向きや気圧などのデータから降水確率を求める、気温や天気などのデータから売上を求める、といったことが該当します。

このとき、データにはノイズがあることなどを想定して確率を使って判断することが多く、**統計的機械学習**と呼ばれることもあります。機械学習は、与えるデータの内容や与え方によって、後述する「教師あり学習」「教師なし学習」「強化学習」に分類されます。

図5-1　これまでのシステム開発と機械学習の違い

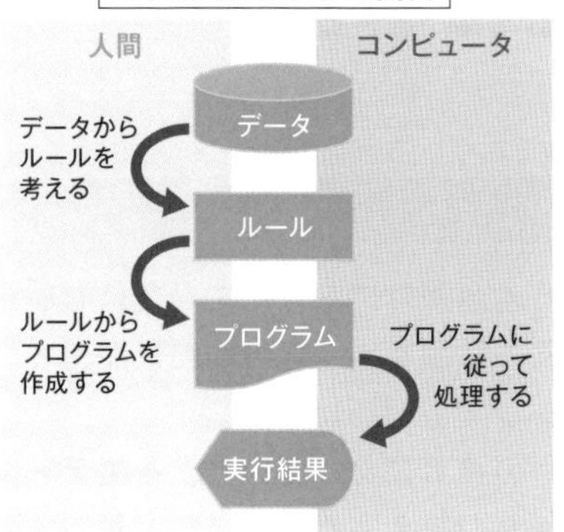

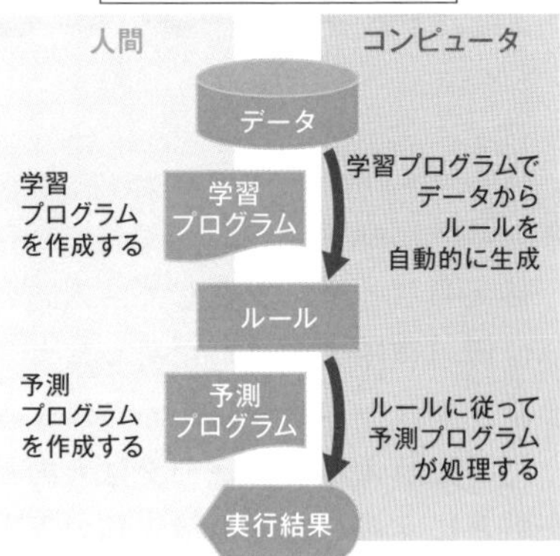

図5-2　分類と回帰

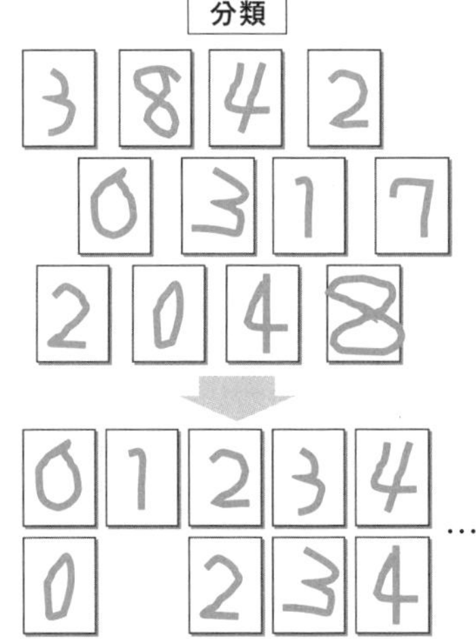

回帰

気温(℃)	湿度(%)	日照時間(h)	電気使用量(kWh)
21	61	8	20.3
25	70	6.5	24.2
23	59	7.5	23.8
28	72	7	26.9
30	68	5	19.7
26	80	4.5	18.1
24	55	6	22.5

気温(℃)	湿度(%)	日照時間(h)	電気使用量(kWh)
26	58	5.5	?
20	80	7.5	?

Point

- データをもとに自動的にルールをコンピュータに学習させる方法を機械学習という
- 機械学習が得意な分野として分類や回帰がある

正解データをもとに学習

正解の結果に近づける

与えられるデータとして、入力となる内容だけでなく出力してほしい正しい値（教師データ）があったとき、その教師データに近い結果が得られるようにルールを調整する方法を教師あり学習といいます。

最初に与えられるデータは入力と出力のペアになっていて、そのデータをもとに学習し、その後未知の入力データが与えられたときに、対応する出力を予測する、というように使われます。

最初に与えられるデータを訓練データ（学習データ）、あとで与えられるデータを検証データ（テストデータ）といい、訓練データで学習させ、検証データでその精度を確認するのです。一般には、手元にあるデータを2つのグループに分け、一方を訓練データ、もう一方を検証データとします。

分け方には決まった割合があるわけではなく、訓練データと検証データを5:5や7:3、8:2などに分ける方法があります。実行するたびに訓練データと検証データを入れ替える交差検証を使うこともあります（図5-3）。

訓練データに特化したモデル

学習の精度を確認する指標として、全体のうち正しく分類できたデータの割合を示す「正解率」がよく使われます。ただし、元のデータに偏りがある場合、正解率だけでは正しく分類できているか判断できません。

例えば、与えられた100個のデータのうちAが95個、Bが5個だった場合、何も考えず全部をAと予測しても正解率は95%になってしまいますので、図5-4の適合率や再現率、F値などが使われることもあります。

訓練データに最適化すると正解率が高くなる一方で、検証データでは正解率が上がらない状況が発生する場合があります。図5-5左上のように訓練データに特化したモデルができてしまった状況を過学習といいます。過学習は訓練データの個数に対して、モデルが複雑な場合によく発生します。

図5-3　交差検証（クロスバリデーション）

データをいくつかに分ける（今回は4個）

1回目	訓練データ	訓練データ	訓練データ	検証データ	➡評価
2回目	訓練データ	訓練データ	検証データ	訓練データ	➡評価
3回目	訓練データ	検証データ	訓練データ	訓練データ	➡評価
4回目	検証データ	訓練データ	訓練データ	訓練データ	➡評価

図5-4　教師あり学習の精度を確認する指標の計算式

		結果データ	
		犬の画像	犬以外の画像
予測データ	犬の画像	a	b
	犬以外の画像	c	d

例）犬の画像だと予測したけれど実際は犬以外の画像だった件数（b）

$$\text{正解率} = \frac{a+d}{a+b+c+d}$$

犬だと予測して実際に犬だった、または犬以外と予測して実際に犬以外だった割合

$$\text{適合率} = \frac{a}{a+b}$$

犬だと予測したうち、実際に犬だった割合

$$\text{再現率} = \frac{a}{a+c}$$

犬の画像のうち、犬だと予測した割合

$$\text{F値} = \frac{2}{\frac{1}{\text{適合率}} + \frac{1}{\text{再現率}}} = \frac{2 \times \text{適合率} \times \text{再現率}}{\text{適合率} + \text{再現率}}$$

図5-5　過学習

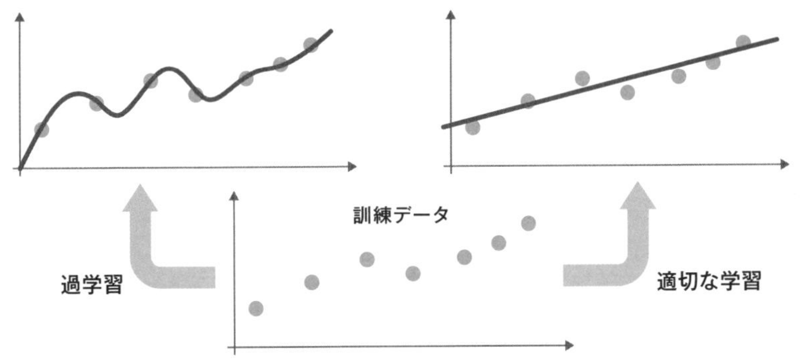

Point

✎正解となる教師データに近い結果が得られるように調整する手法を教師あり学習という

データから特徴を抽出して分類

データから共通点を調べる

人間にも正解がわからない問題や、正解を用意するのが大変な問題の場合には入力データだけが与えられます。**つまり、正しい出力である教師データがない状態で、そのデータから共通点を見つけ出し、特徴を学習する手法**で、これを教師なし学習といいます。

例えば、似たような特徴を持つデータをいくつかのグループに分ける、入力と同じ内容を少ないデータで表現する、といった方法があります。グループに分ける場合、その分け方が正しいかはわかりませんが、似た特徴を持つグループができることが特徴です。

また、入力と同じ内容を少ないデータで表現できれば、情報量を減らせます。例えば、ファイルを圧縮するように、与えられたデータと同じデータを小さなデータから復元できれば便利です。機械学習で使われる代表的な方法として、オートエンコーダがあります（図5-6）。

似たものをグループ分けする

与えられたデータから似たものを集め、いくつかのグループに分けることをクラスタリングといいます。例えば、迷惑メールと通常のメールを分ける、テストの成績から学生を理系と文系に分ける、売上高や販売個数などから売れ筋商品とそれ以外を分ける、たくさんの写真から同じ人が写っているものを分ける、などが考えられます（図5-7）。

このようなクラスタリングを行うには、複数のデータを見比べたときに「似ている」と判断する基準が必要です。そこで、類似度という値を使います。この類似度には、さまざまな計算方法が考えられますが、データを平面で表した場合を考えると、それぞれの点と点の間の距離はわかりやすい指標です。例えば、**4-13**で紹介したユークリッド距離やマンハッタン距離を使う方法が考えられます。

図5-6 オートエンコーダ

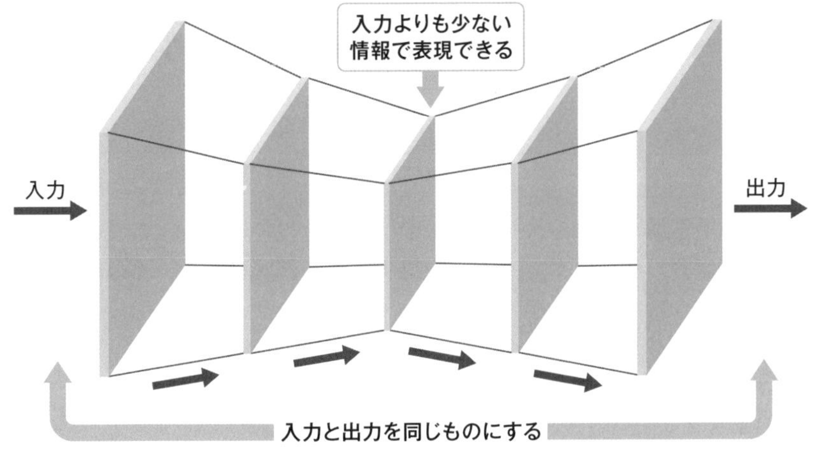

図5-7 クラスタリング

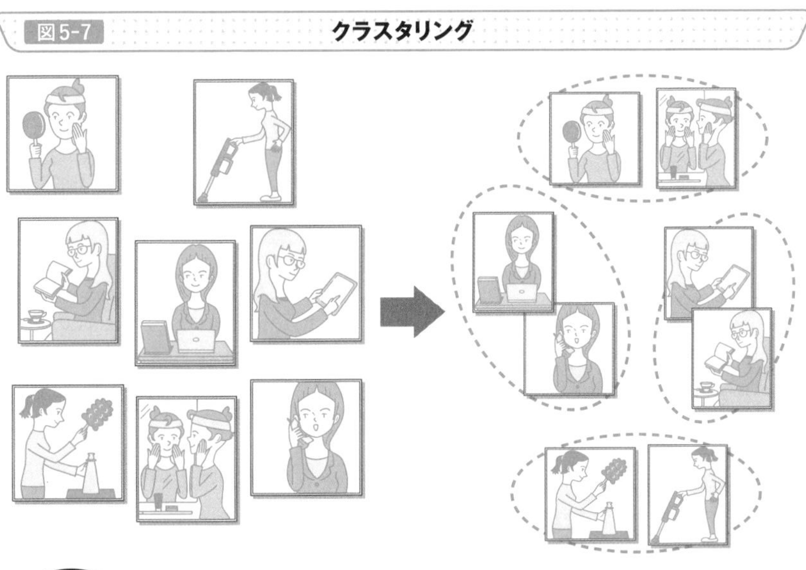

Point

- 正解となるデータは与えられないが、そのデータから共通点を見つけ出し、その特徴を学習する方法を教師なし学習という
- 教師なし学習の例として、オートエンコーダやクラスタリングがある

望ましい結果に報酬を与える

少しずつAIを成長させる

正解や不正解（成功や失敗）を人間が与えるのではなく、コンピュータが試行錯誤した結果に対し、**よい結果であれば報酬を与え、その報酬を最大化するように学習する手法**として強化学習があります。

例えば、囲碁や将棋などの場合、ある局面での正解は人間には判断できません。このため、これまではプロが指した結果や、プロが評価した値を「とりあえずの正解」として学習する方法が使われていました。しかし、コンピュータ同士であればある局面からさまざまな手を試しながら進めることができ、最終的に勝ったのか負けたのかを判断できます（図5-8）。

そこで、最終的に勝った場合には報酬を与え、負けた場合には与えないことで、報酬がもっとも多くなるような手を選ぶように学習できます。これにより、徐々によい結果が得られるようになるのです。

強化学習のしくみ

強化学習において、上記のような試行錯誤のことを行動といい、学習によって行動を決定する部分をエージェントといいます。そして、このエージェントに報酬を与える部分を環境といいます。行動によって報酬が変わってくることを考えると、行動と報酬だけでなく、状態も管理する必要があります。

つまり、図5-9のように**環境はエージェントの行動によって変化し、エージェントは状態と報酬によって行動を変える**のです。この処理を繰り返すことによって、報酬をより多く得られるような行動を学習します。

そして、このエージェントが複数存在し、連携するものをマルチエージェントといいます。例えば、サッカーの試合で考えると、敵や味方など複数の行動によって状況が変わりますが、このような場合をマルチエージェント学習といいます（図5-10）。

図5-8　**強化学習**

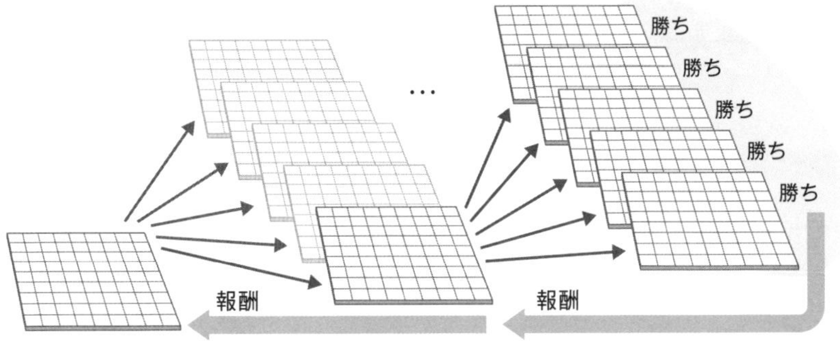

図5-9　**強化学習のループ**

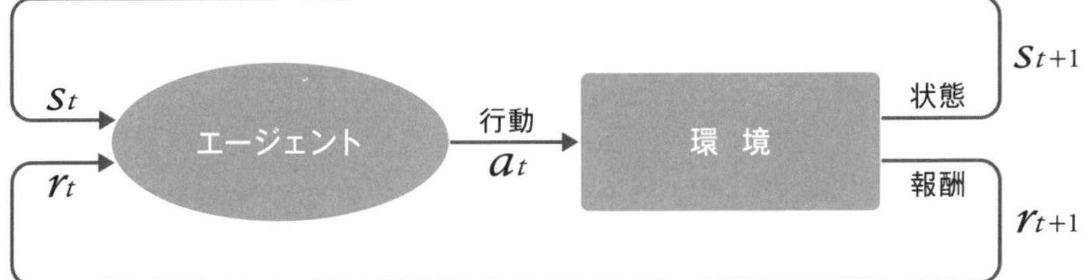

図5-10　**マルチエージェント**

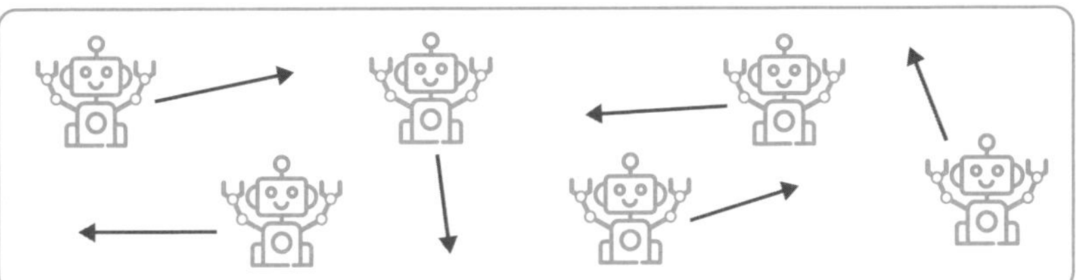

Point

- 試行錯誤の結果に対して、よい結果のときに報酬を与えて学習させる方法として強化学習がある
- 強化学習におけるエージェントが複数存在し、それぞれが連携する方法としてマルチエージェントがある

木構造で分類や回帰を実現

分岐の条件を学習して予測

図5-11のように、**木構造の分岐に条件を設定し、その条件を満たすかどうかを判断して問題を解く手法**として決定木があります。与えられたデータから、この条件を教師あり学習で学習し、できるだけサイズが小さい（分岐が少ない、深さが浅い）決定木で綺麗に分割できる構成を考えるのです。このとき、複数のグループに分ける場合は分類木、特定の数値を推測する場合は回帰木と呼びます。また、決定木を構成する具体的なアルゴリズムとして、ID3やC4.5、CARTなどがあります。

決定木を使うメリットとして、学習データに欠損値があっても処理できること、数値データでもカテゴリデータでも処理できること、予測の根拠を視覚的に表現できること、などが挙げられます。

シンプルで高速な決定木が理想

決定木を作るとき、同じ結果でも複雑な条件をたくさん経由して判断するより、シンプルな条件で少なく判断できると高速に処理できます。つまり、分岐の数が少なく、深さも浅いものができれば理想的です。

そこで、1つのノードに含まれる「異なる分類の割合」を数値化したものを不純度といいます。1つのノードに多くの分類が存在すれば不純度が大きく、1つの分類しか存在しなければ不純度が小さい、と考えます。

分岐によってこの不純度がどのくらい変わるのかを判断する指標として情報利得があります。つまり、親ノードと子ノードの間の不純度の差が情報利得で、分岐によって綺麗に振り分けられていれば情報利得が大きくなります。この不純度を計算する方法として、エントロピーやジニ不純度、分類誤差などがあります。これらを計算して、情報利得が大きくなるような決定木を求めるのです。例えば、ジニ不純度を使って図5-11の情報利得を計算すると、図5-12のように計算できます。

図5-11 **決定木の例**

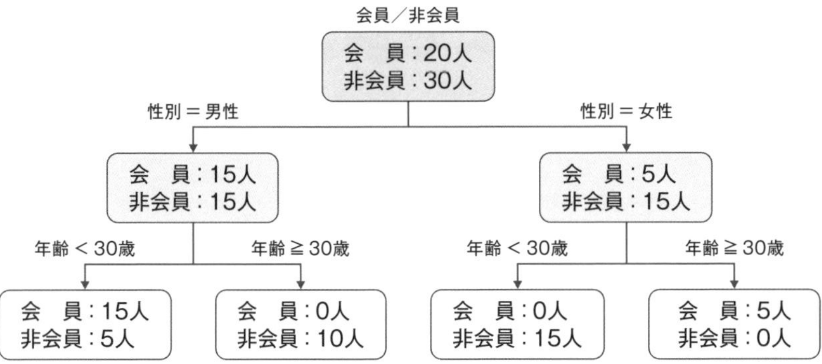

図5-12 **情報利得の計算（図5-11に対してジニ不純度を使う場合）**

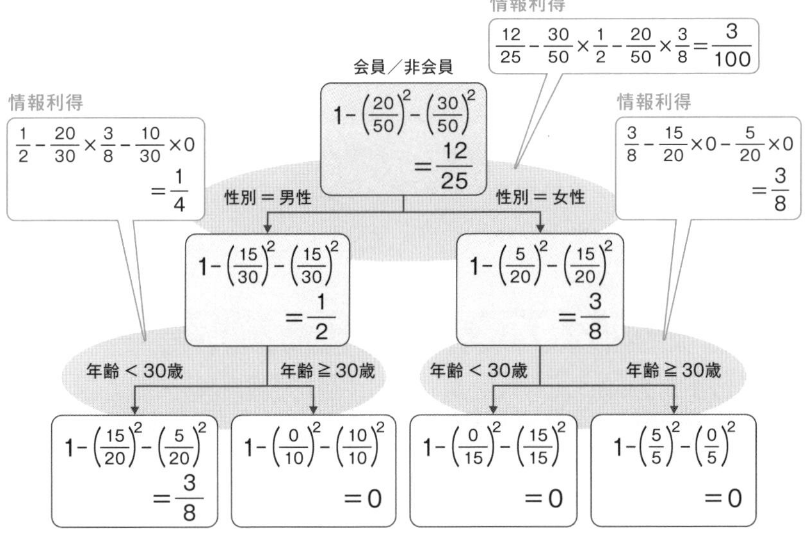

Point

- 木構造の分岐に条件を設定して、その条件を学習させる方法として決定木がある
- サイズが小さい決定木を作成するために、不純度を求め、それによって算出される情報利得などの指標が使われる

複数の決定木で多数決

多数決で精度を高める

分類や予測において、**5-5**で紹介した単純な決定木を使う方法もありますが、より精度を高めるためにさまざまな工夫が考えられています。その中でも、**複数の決定木を使ってそれぞれに学習させて予測し、導き出された答えを使って多数決で決定する方法**として**ランダムフォレスト**があります（図5-13）。

分類の場合は単純な多数決を使う方法もありますし、予測の場合には平均を求めるなどの手法が使われます。正解率の低い決定木ができたとしても、多数決や平均を使うことで、全体としてバランスのよい結果が得られるのです。学習方法は単純ですが、1つの決定木を学習させて予測するよりも、よい結果が得られることで知られています。

このように、複数の機械学習モデルを組み合わせて、多数決などによってよりよいモデルを構築する方法を**アンサンブル学習**といいます。ランダムフォレストもアンサンブル学習の1つです。

異なるモデルを組み合わせる

多くのサンプルからいくつか取り出して並列で識別器を作成し、そこから多数決で決定する方法を**バギング**といいます。ランダムフォレストはバギングと決定木を組み合わせた手法だといえます。

バギングの場合は、それぞれを独自に実行できるため並列処理が可能ですが、他の学習モデルを使って調整する方法として**ブースティング**があります（図5-14）。ブースティングの場合は並列処理ができませんが、より高い精度の結果が得られる可能性があります。

精度を高めることに特化する研究の場合、アンサンブル学習は便利ですが、実務では処理に時間がかかりすぎる可能性もあります。多数決のような方法を用いるよりも、モデルを工夫する方が費用対効果を高められる可能性がありますので、業務内容に合わせて検討が必要です。

図5-13 ランダムフォレスト

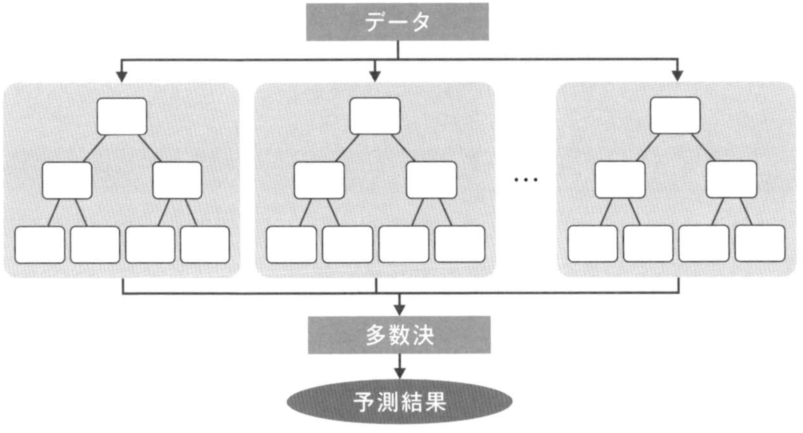

図5-14 ブースティング

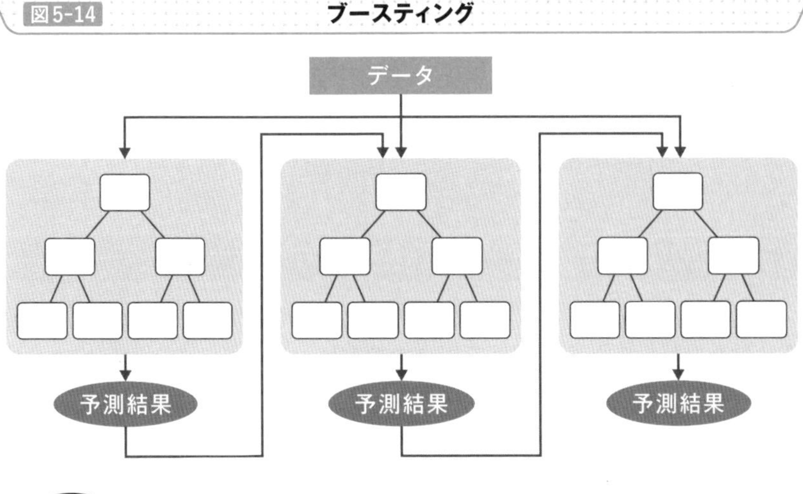

Point

- 複数の決定木を使って、それぞれから得られた結果で多数決を行う方法としてランダムフォレストがある
- 複数のモデルを組み合わせてよりよいモデルを構築する方法をアンサンブル学習といい、具体的な方法としてバギングやブースティングなどがある

» 分離するときの境界との間隔を最大化

できるだけ離れたところに境界を作る

クラスタリングなどでデータを複数のグループに分けるとき、その境界線の引き方は多く考えられます。例えば、座標平面上で2つのグループに分けることを考えると、図5-15のようにいくつもの線で分けられます。

入力されたデータをグループに分けるだけであれば、いずれの境界線でも問題ありませんが、学習データ以外の未知のデータが与えられた場合にもできるだけ高い精度で分類することを考えると、それぞれの点からできるだけ離れたところに境界線を引く方がよいでしょう。

そこで、**境界線で分離できたとして、その境界線から一番近いデータまでの距離を最大化する方法**としてサポートベクターマシンがあり、このような考え方をマージン最大化といいます。なお、この境界は2次元であれば直線や曲線で表現できますが、3次元では平面や曲面で分離することを考えます。それ以上の場合は、超平面と呼ばれる境界で分離します。

データの境界線をどう引くか?

境界で綺麗に分離できるのが理想的ですが、現実のデータにはノイズや誤りが含まれることもあり、そこまで綺麗に分離できることは多くありません。ある程度の妥協が必要になります。

2つにはっきり分けられることを前提として、マージンを設定する手法をハードマージンといいます。ノイズなどが含まれるようなデータで、はっきり分けられない場合には過学習してしまう可能性がありますし、そもそも分離できずに解けない場合もあります（図5-16左）。

そこで、分離するときに、すべてのデータを完全には分離できなくても、多少の誤りは許す方法のことをソフトマージンといいます。これにより、シンプルなモデルができ、過学習を防ぐこともできます（図5-16右）。

図5-15 座標平面での分け方

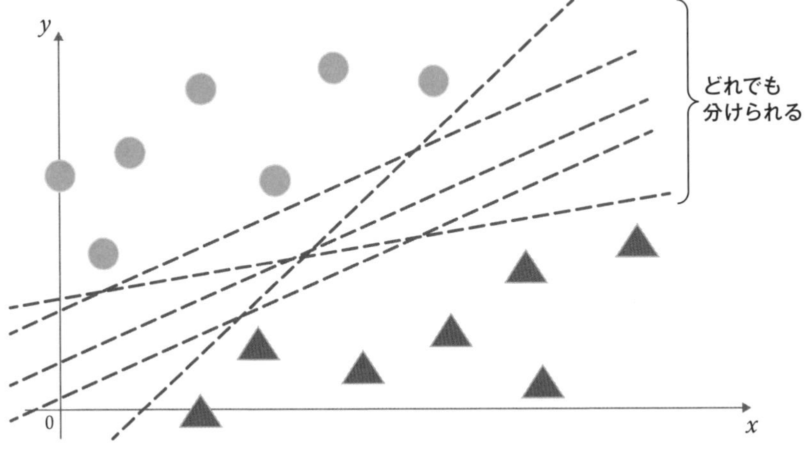

図5-16 ハードマージンとソフトマージン

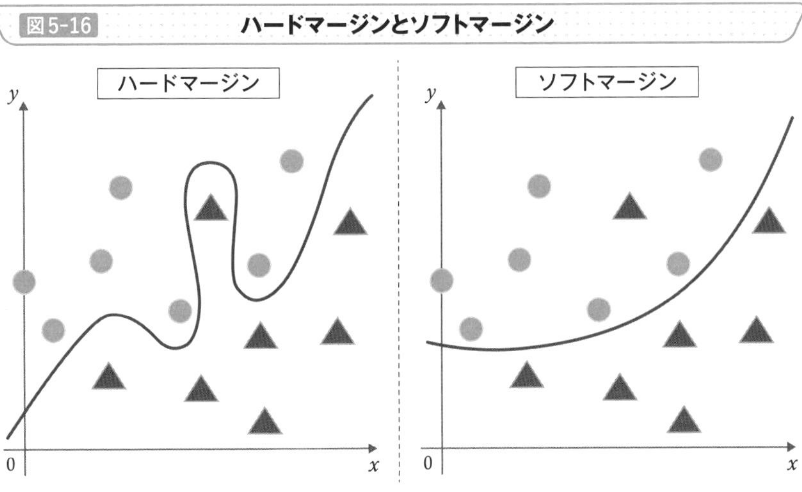

Point

- 境界線でグループ分けするとき、その境界線から一番近いデータまでの距離を最大化する方法としてサポートベクターマシンがある
- データを分離するときの考え方として、ハードマージンとソフトマージンがある

0から1の範囲で確率的に予測

変数から他の変数の傾向を予測する

登山をする人は、標高が高くなると気温が下がることを知っていると思いますが、実際にいくつかのデータを散布図として表現すると図5-17左のようになり、標高と気温の関係は一本の直線を当てはめられそうです。

すべての点がこの直線上に乗っているわけではありませんが、このような直線が引ければ、傾向がわかります。そして、新たな標高が与えられた場合に、その気温を予測することもできます。

このように、与えられたデータにおいて、**ある変数から他の変数の傾向を予測する方法**として**回帰分析**があります。このとき、できるだけ誤差が少なくなるように、「それぞれの点との誤差の2乗の和」を最小にする方法が使われ、これを**最小二乗法**といいます（図5-17右）。

0と1の間を出力するロジスティック回帰分析

回帰分析では数値を予測しますが、数値よりも確率を予測したい場合があります。体重と腹囲、体脂肪率のデータから病気になる確率を予測する、来店者の年齢や来店頻度などから購入確率を予測する、天気予報で晴れや雨ではなく降水確率を予測する、といった具合です。

このとき、回帰分析を使うだけでなく、0から1の間の値を出力する方法として**ロジスティック回帰分析**があります（図5-18）。この**0から1の間の値を確率と考えると、2つの値のどちらに入るのかを予測できます。**

ただし、通常の回帰分析を使って1次関数で表現すると、1次関数は直線なので、すぐに0から1の範囲を超えてしまいます。そこで、何らかの細工をして0から1の範囲に変換する方法を考えます。

このときによく使われるのが図5-18の右上のようなシグモイド関数です。この関数を使えば、任意の値を0から1の範囲に変換できます。つまり、1次関数で求めた値をこの関数に与えることで、確率として考えられるのです。

図5-17 回帰分析

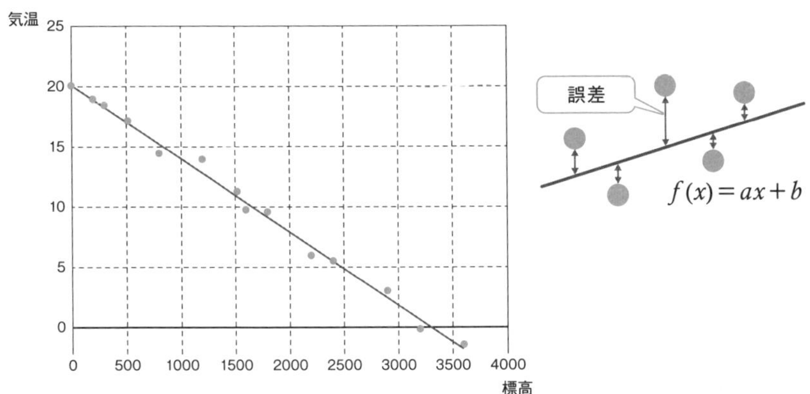

図5-18 ロジスティック回帰分析

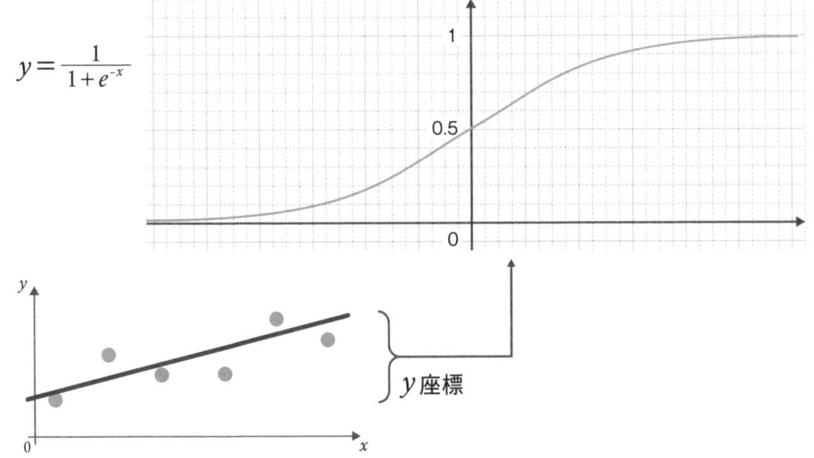

第5章 0から1の範囲で確率的に予測

Point

- ある変数から他の変数の傾向を予測する方法として回帰分析がある
- 回帰分析を使うだけでなく、0から1の間の値を出力する方法としてロジスティック回帰分析があり、その変換にシグモイド関数がよく使われる

人間の脳を模倣し、信号のやりとりを数式化

ニューロンで信号を伝える

機械学習の手法としてよく使われているのがニューラルネットワークです。つながっている神経細胞（ニューロン）を通して信号を伝える構造が脳に似ていると考えられており、これを数学的なモデルで表現した方法です。**入力層、中間層、出力層、という階層構造になっており、入力層での入力値が、中間層のニューロンを経由して計算結果が出力層に伝えられ、結果が出力されます**（図5-19）。

この計算に使われるのが「重み」で、この値を調整することが機械学習での学習に該当します。入力データと重みから計算した出力と、教師データの間には誤差がありますが、この誤差が少なくなるように、重みの値を調整するのです。与えられた訓練データについてこの作業を繰り返すことで、学習できるというわけです（図5-20）。

逆方向へ重みを調整する

重みを調整するとき、正解データと実際の出力との誤差を関数と考えることを誤差関数や損失関数といいます。この誤差関数の値を小さくできれば、誤差が小さくなり正解に近づくことを意味します。

関数の最小値を求めるとき、基本的には微分が使われます。そして、この微分を使って最小値に近づけていく手法として、**5-17**で紹介する勾配降下法（最急降下法）や確率的勾配降下法などが使われます。

このように重みを調整しますが、**ニューラルネットワークにおいて調整が必要な重みは、中間層と出力層の間だけではありません。**入力層と中間層の間にも重みはありますし、中間層が複数存在するかもしれません。

そこで、正解データと実際の出力との誤差を出力層から中間層、中間層から入力層へと逆方向に伝えて、重みを調整する手法を誤差逆伝播法といいます（図5-21）。

図5-19 ニューラルネットワーク

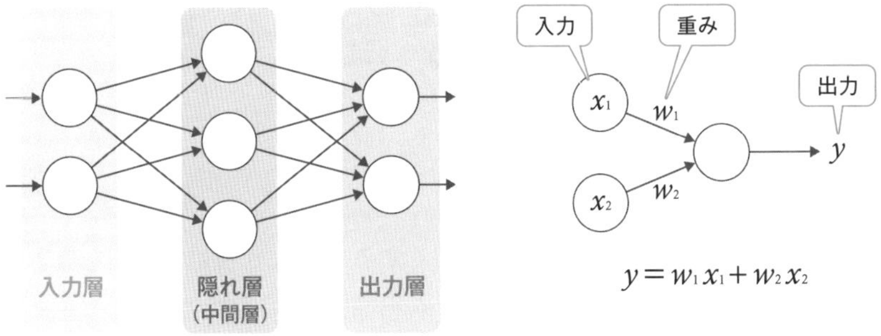

入力層
隠れ層
(中間層)
出力層
入力
重み
出力
x_1
x_2
w_1
w_2
y
$y = w_1 x_1 + w_2 x_2$

図5-20 重みの更新

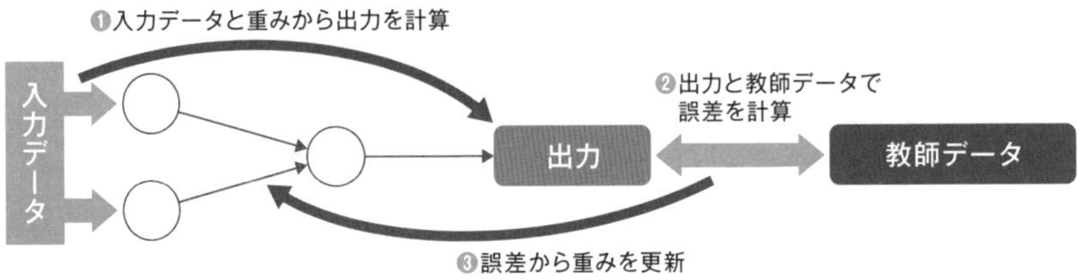

❶入力データと重みから出力を計算
入力データ
出力
❷出力と教師データで誤差を計算
教師データ
❸誤差から重みを更新

図5-21 誤差逆伝播

順伝播
入力と重みから出力値を計算する
逆伝播
教師データと出力から重みを計算する

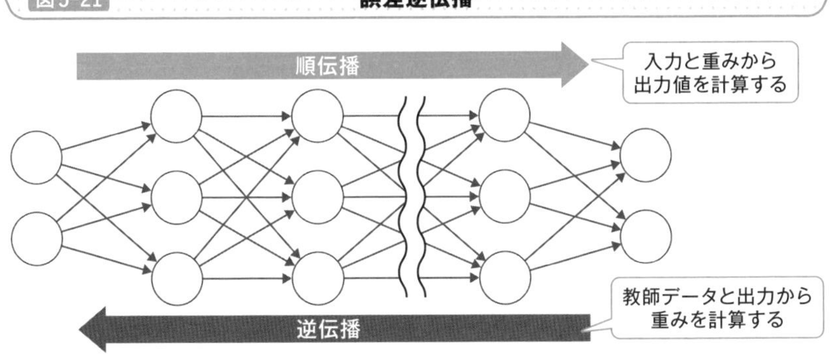

Point

- ニューロンを通して信号を伝える方法をモデル化したものにニューラルネットワークがある
- ニューラルネットワークで重みを調整する方法に誤差逆伝播法がある

階層を深くして学習させる

ニューラルネットワークの階層を深くする

ニューラルネットワークの階層を深くすると、より複雑な処理も表現でき、難しい問題も解けるようになる、という考え方にディープラーニング（深層学習）があります（図5-22）。

階層が深くなると学習には多くのデータが必要で、処理に時間がかかります。また、複雑な計算を表現するために図5-23のような活性化関数を用いることが一般的ですが、活性化関数により誤差逆伝播において伝わる誤差がどんどん減ってしまう勾配消失問題などの課題が出てきます。

しかし、コンピュータの高性能化や図5-24のような活性化関数の工夫などにより、よい結果が出たことから注目されています。例えば、囲碁や将棋といったゲームで人間を超える強さを実現できただけでなく、画像処理などではすでに一般的に使われています。

CNNとRNN

ディープラーニングは単純にニューラルネットワークの階層を深くしただけではありません。画像処理の場面では、CNN（畳み込みニューラルネットワーク）が多く使われています。

画像の場合では、1つ1つの点を個別に処理するよりも、周囲にある点との関係が重要になってきます。そこで、畳み込みとプーリングと呼ばれる処理を繰り返して画像の特徴を把握するのです。つまり、**画像の点をバラバラに処理するのではなく、その特徴（色が急激に変化している、など）や位置ずれなどを抽出する手法**が用いられます。

また、機械翻訳や音声認識など、次から次へと新たなデータが与えられる環境ではRNN（回帰結合型ニューラルネットワーク、再帰型ニューラルネットワーク）が多く使われています。このような時系列でデータが与えられる場合に向いた手法などがいくつも考えられています。

図5-22　ディープラーニング

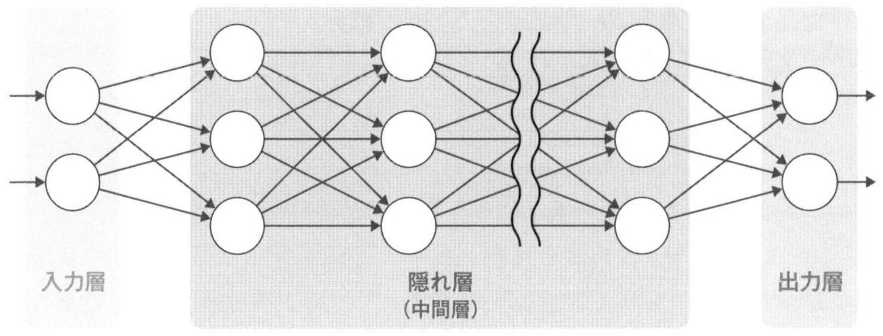

図5-23　活性化関数

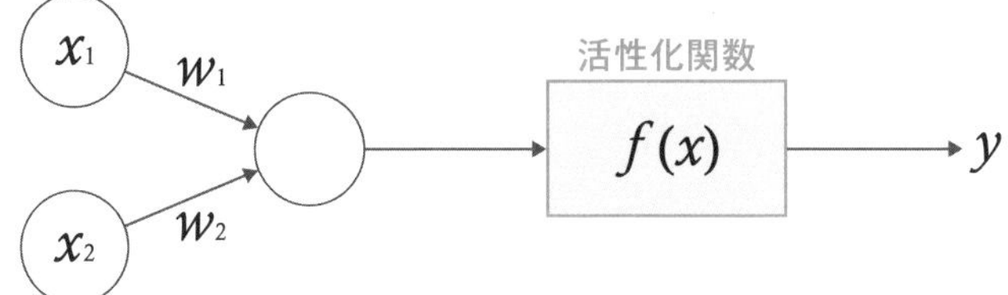

図5-24　活性化関数の種類

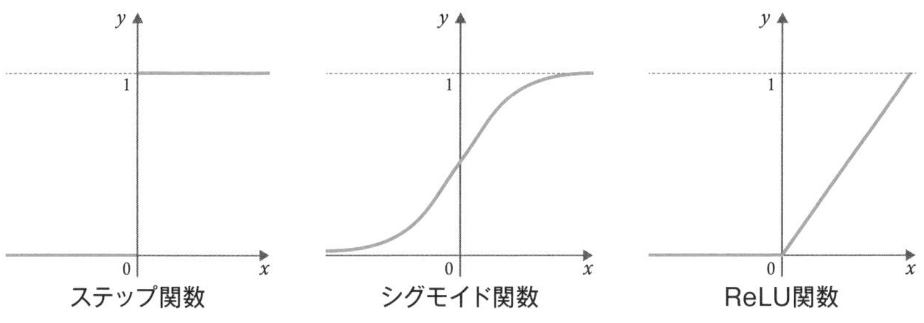

Point

- ニューラルネットワークの階層を深くして複雑な処理を実現する方法としてディープラーニングがある
- 画像処理にはCNN、機械翻訳や音声認識にはRNNなど、対象に合わせてさまざまな手法が用いられている

実在しないデータを生成できるAI

偽札作りと警察の争い

与えられたデータの特徴を獲得し、その特徴を使って新しいものを生成する方法としてGAN（敵対的生成ネットワーク）があります。**ある人が過去に話した音声を使って、その人が話しているような音声を生成したり、実在しない人の顔写真のような画像を生成したり**できます。

画像を生成する場合であれば、画像を生成する「Generator（生成器）」と、その画像が本物かGeneratorによって作られたものかを識別する「Discriminator（識別器）」で構成されます（図5-25）。

このGANの動作は「偽札作り」と「警察」に例えられることがあります。偽札を作る側は、できるだけ既存の紙幣に似たものを作ろうとしますが、一方で警察は本物の紙幣と偽札を見抜こうと工夫します。

初期の偽札は簡単に見抜けますが、経験を積んでうまく作れるようになると、本物と区別がつかない偽札ができあがってしまいます。警察も見分けるために新たな技術を導入し、識別率を上げる、というように双方が切磋琢磨していきます（図5-26）。

これにより、人間が見ても偽物と判別できないようなものが生成できるのです。このように、それぞれが相反する目的を満たすように競い合いながら学習するため、「敵対的」という言葉が使われます。

本物のような偽ものを作り出す

ディープラーニング＋フェイクの略語としてディープフェイクがあります（図5-27）。**写真や動画、音声などをAIで合成して偽のものを作り出す方法**で、過去の写真や動画などを使って一部を他人に差し替える、過去の音声を使って、まったく異なる文章を話しているようにする、といった例があります。証拠として写真や映像を出されると、本人が否定しても周りが信用するのが難しいため、社会問題になる可能性もあります。

図5-25 **GANのしくみ**

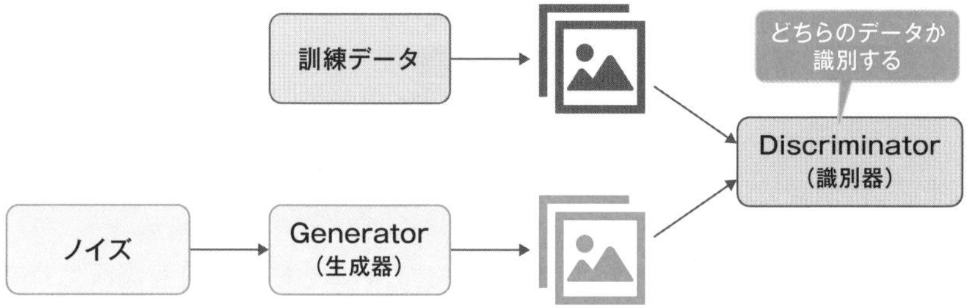
訓練データ
どちらのデータか識別する
Discriminator
（識別器）
ノイズ
Generator
（生成器）

図5-26 **敵対的なイメージ**

本物に近づける
見破るための新技術を導入する

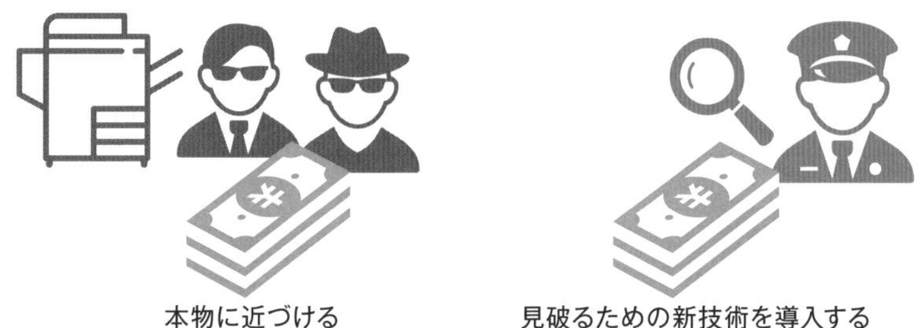

図5-27 **ディープフェイク**

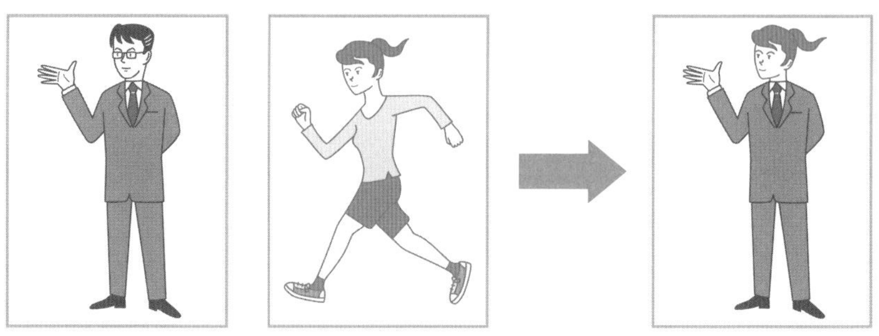

Point

- ✐AIによって新しいものを生成する手法としてGANがある
- ✐写真や動画、音声などをAIで合成して偽物を作り出す方法としてディープフェイクがある

画像のノイズ除去や境界の強調を実現

デジタルならではの画像処理

5-10で紹介した、ディープラーニングの1つであるCNNも画像処理を使っていますが、画像ファイルに対してさまざまな処理をする方法は昔から写真管理ソフトなどで多く使われてきました。

例えば、**ある点の周囲に対して特定の処理を行うことで、ノイズの除去や境界の強調などを実現する手法**として**画像フィルタ**があります。パソコンやスマートフォンで扱う画像はデジタルなデータなので、これに対してさまざまな計算をすることで加工ができるのです。

画像のノイズを軽減する

カメラで撮影した写真の画像にはノイズが含まれていることが珍しくありません。このノイズを軽減するために使われるのが**平滑化**（ぼかし）で、フィルタをずらしながら画素値の平均を計算して作成されます（図5-28）。平均を計算することで、それぞれの点の間での濃淡が滑らかになるため、画像に含まれるノイズが軽減されるのです。

特徴的な形を抽出する

画像の中で、直線や円など特徴的な形を抽出したいことがあります。また、人の顔を検出したい、物体を特定したい、といった場合にも、その輪郭を抽出する必要があります。このようなときに使われるのが**エッジ検出**で、**画像の中で明るさなどが急に変化する場所を探します**（図5-29）。

急に変化することを判断するために使われるのが色や明るさです。どのくらい変化しているかを判断するには、数学では微分を使うため、画像の場合には微分フィルタと呼ばれることもあります。微分フィルタは縦方向や横方向に隣り合う画素値の差を使う方法ですが、2次微分を利用したラプラシアンフィルタなどで輪郭を抽出する場合もあります（図5-30）。

図5-28　平滑化の考え方

7	6	7	4	3	2
8	2	10	2	4	3
9	8	5	4	3	4
6	7	5	5	4	6
5	6	7	6	7	5
4	3	8	9	2	7

$\frac{1}{9}$	$\frac{1}{9}$	$\frac{1}{9}$
$\frac{1}{9}$	$\frac{1}{9}$	$\frac{1}{9}$
$\frac{1}{9}$	$\frac{1}{9}$	$\frac{1}{9}$

	6.9	5.3	4.7	3.2	
	6.7	5.3	4.7	3.8	
	6.4	5.9	5.1	4.9	
	5.7	6.2	5.8	5.6	

図5-29　エッジ検出

8	6	8	2	4	3
9	7	10	1	3	2
8	9	7	1	2	3
7	6	8	2	3	2
8	9	9	3	4	1
6	8	7	1	3	2

0	0	0
-1	1	0
0	0	0

	-2	3	-9	2	
	1	-2	-6	1	
	-1	2	-6	1	
	1	0	-6	1	

図5-30　エッジ検出の例

元の画像

エッジ検出後

Point

- 画像データに含まれるノイズの除去や境界の強調などを行う方法として画像フィルタがある
- エッジ検出には微分フィルタやラプラシアンフィルタなどがある

処理中にランダムな選択をして実行

ランダムに挙動を決める

入力されたデータを決められた手順に沿って処理するだけでなく、乱数を使って処理を振り分けて選ぶ方法を乱択アルゴリズムといいます。例えば、**1-13**で紹介したモンテカルロ法も乱択アルゴリズムの1つです。

乱数の内容によって処理が決まるため、処理結果が毎回変わるだけでなく、処理にかかる時間が想像できない場合もあります。**3-10**で紹介したクイックソートは、ピボットを乱数で選択すると、処理結果は同じですが処理にかかる時間が変わる可能性があります。

乱択アルゴリズムを使うメリットとして、データの分布に偏りがある場合が挙げられます。ある条件に一致するデータを探すとき、前から順に探せば見つかりますが、その条件に一致するデータが後半に偏っている可能性があるのです。しかし、乱択アルゴリズムであれば、短時間で見つけられるかもしれません（図5-31）。

正解に近い値を短時間に得る

「発見的手法」や「経験則」と訳される手法にヒューリスティック（ヒューリスティクス）があります。**正解が得られるかはわからないけれど、ある程度正解に近い値を短時間に得られる手法**のことを指します。

人間はこれまでの経験や勘を使って、ほとんど頭を使わずに計画を立てています。例えば、料理をするときはどの食材をどのように組み合わせるとどんな味になって、どれくらいの時間調理すればよいかを感覚的に知っています。

これを応用したのが**4-13**で紹介したA*であり、さらに機械学習などにも応用されています。すべてのパターンを調べると膨大な数になって処理に時間がかかる場合でも、人間が持つ経験や勘を使った仮定をある程度踏まえて処理することで、効率よく問題を解ける可能性があるのです（図5-32）。

図5-31 乱択アルゴリズムを使うメリット

偶数をどれか1つ探す場合

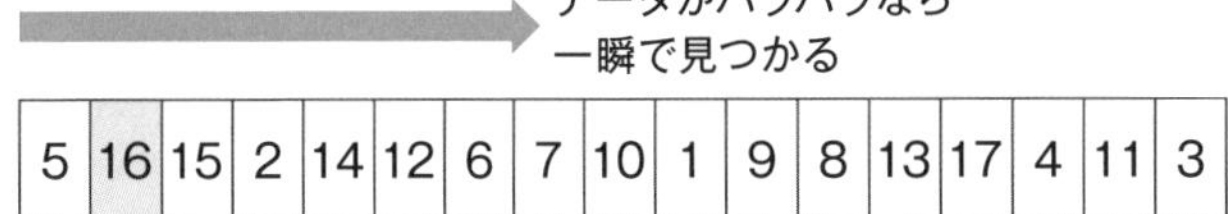

5	16	15	2	14	12	6	7	10	1	9	8	13	17	4	11	3

データによっては
前から探すと時間がかかる

13	5	7	17	3	9	11	15	1	4	12	8	16	2	10	6	14

乱択アルゴリズムなら
どちらも短時間で
見つけられる
可能性がある

図5-32 ヒューリスティック

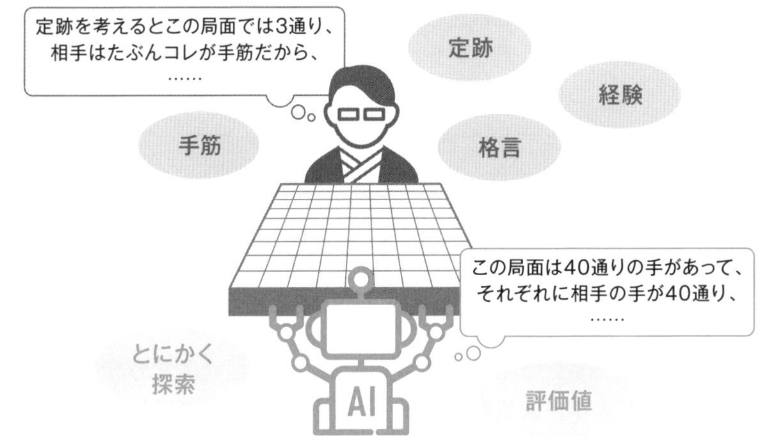

Point

- 乱数を使って処理の内容を選ぶ方法を乱択アルゴリズムという
- 乱択アルゴリズムでは処理結果が変わったり、処理にかかる時間が変わったりする
- 人間の経験や勘などを使って効率よく問題を解く方法としてヒューリスティックがある

生物の進化をまねる

強いものを生き残らせる

自然界では、環境に適応できない種は滅び、適応したものが生き残ります。このメカニズムをモデル化し、プログラムとして実行する方法に、1960年代から使われている、遺伝的アルゴリズムがあります。

遺伝的アルゴリズムは、生物の進化を模倣した確率的な探索方法で、**適応度の高い個体ほど高い確率で生き残るように処理を進めます**。このとき、適応度の高い個体を選ぶ「選択」や、親の遺伝子を掛け合わせて次の世代を作る「交叉」、親とは異なる個体ができる「突然変異」という操作を行うことで、次世代の個体を生成します。この操作を繰り返すことで、適応度の高い個体、つまり最適解に近い個体が増えていき、やがて最適解が得られると考えるのです（図5-33左）。

関数の最大値を求めるには?

シンプルな例として、図5-34左のような関数の最大値を求めることを考えてみます。このとき、個体はx座標（2進数で表現）、適応度はそのx座標に対応する関数の値とします。

まずはランダムに個体をいくつか生成します。このとき、多様な個体を生成することで、幅広い座標を探索できます。次に適応度の高いもの、つまり関数の値が大きい個体を選びます。このとき、適応度の高いものを多く次の世代に残しますが、ある程度適応度の低いものも残さなければなりません。そこで、ルーレットを回して次の世代の個体を選ぶルーレット選択などの方法がよく使われます（図5-33右上）。

そして、一点交叉や一様交叉といった交叉を行うことで、新たなx座標が生成されます（図5-33右下）。さらに一定の確率で突然変異を起こすことで、局所解に陥ることを防げる可能性が高まります。

これを繰り返すことで、徐々に最大値に近づいていくのです（図5-34右）。

図5-33 **遺伝的アルゴリズムの流れ**

初期個体の生成
選択
交叉
突然変異
終了条件
終了

ルーレット選択

適応度の高いものが多くなるよう
ルーレットを回して確率的に選ぶ

x	y
	100
	80
	70
	50
	30
	20

x	y
	100
	100
	80
	80
	70
	50

一点交叉

親1 1011000110 110101
親2 1101010001 011110
子1 1011000110 011110
子2 1101010001 110101

一様交叉

マスク 0 1 0 0 1 1 0 1
親1
親2
マスク 0 1 0 0 1 1 0 1
子1
子2

図5-34 **関数の最大値を求める例**

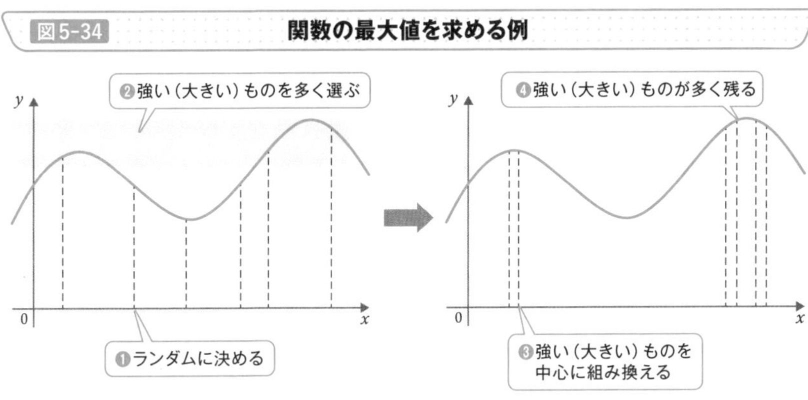

Point

- 生物の進化を模倣した確率的な探索方法として遺伝的アルゴリズムがある
- 遺伝的アルゴリズムでは、選択、交叉、突然変異、といった処理を繰り返すだけでなく、突然変異によって局所解に陥ることを防いでいる

時間経過に応じてランダム性を変える

頂上を目指して少しずつ上っていく方法

関数の最大値を求める場合、山登り法という方法も知られています。これは、初期状態として選ばれたx座標から、**その近くを調べて関数の値が大きい方に移動する、という操作を繰り返す方法**です（図5-35）。

単純な関数であれば問題なく最大値を求められますが、「近く」をどの程度にするのかという問題があり、細かく調べると着実に近づいていきますが、処理に時間がかかります。大雑把に調べると短時間で最大値が得られる可能性がありますが、なかなか収束しない場合もあります。これは、**5-14**で紹介した遺伝的アルゴリズムで関数の最大値を求める問題を考えたように、**最初は広い範囲を探索し、後半は狭い範囲で解を求める**とよさそうです。

大きく成形してから調整していく方法

山登り法には、複雑な関数の場合に局所解に陥ってしまうというデメリットがあります。このデメリットを解消する方法として、焼きなまし法（シミュレーティド・アニーリング）があります。

工具や機械部品を加工するとき、熱を与えて鋼などの金属を柔らかくする必要がありますが、均一にしないと加工ムラが生じる、変な形に曲がる、硬さにばらつきが生じる、などの問題が発生します。均一に加熱したあと、少しずつ冷やすことが大切で、この方法を焼きなましといいます。このような、最初のうちは温度を高くし、柔らかくして自由に変化させたあとで、温度を低くすると固まって収束していく、という考え方を応用するのです。これにより、シミュレーションが進むにつれて求める値に収束できます（図5-36）。

一般的に、遺伝的アルゴリズムと焼きなまし法を比べると、遺伝的アルゴリズムは処理時間が長い一方で一定の解が得られる、焼きなまし法は処理時間が短い一方で解にばらつきがあるといわれています。

図5-35 **山登り法**

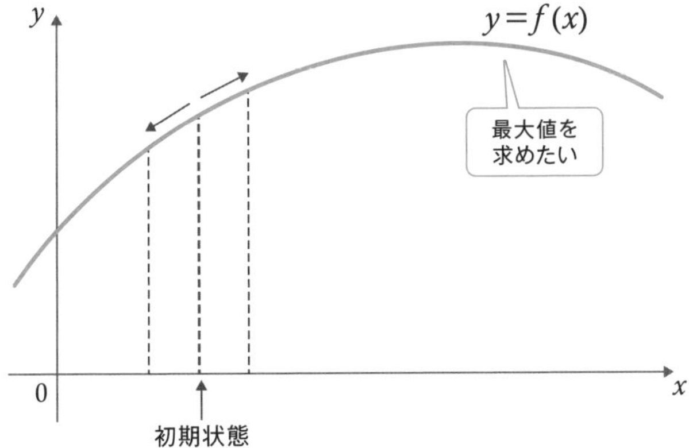

図5-36 **焼きなまし法**

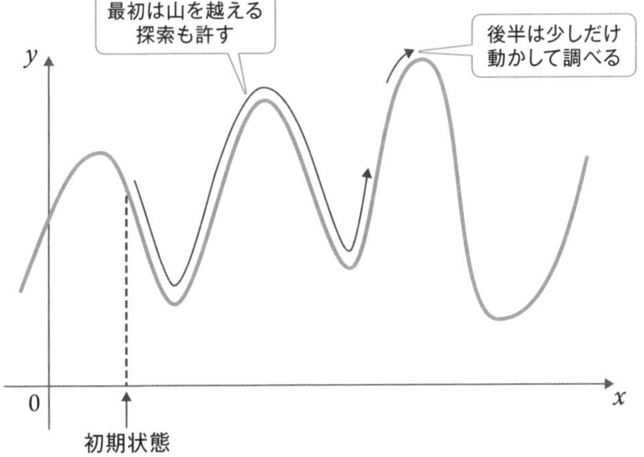

Point

- 単純な関数の最大値を求める場合に、シンプルな方法として山登り法がある
- 複雑な関数で局所解に陥ることを防ぐために、焼きなまし法が使われることも多い

近くのものを強く学習する

似ているものを近くに集める

5-9で紹介したニューラルネットワークは計算のしくみがわかりやすい一方で、それぞれの重みが何を表しているのかよくわからないという問題点があります。そこで、**入力された多くの次元のデータを少ない次元（例：2次元）で表現する**ことで、地図のように可視化できる手法に自己組織化マップがあります。例えば、図5-37では、機械学習のテストデータとして有名なアヤメのデータを2次元で表現しています。入力は4次元なので、どのような特徴があるのかわかりにくいものですが、これを2次元で表現できています。

この図のように、「似ている」ものが近くに集まることにより、**データの分類や相関関係の発見**などに多く使われています。「自己組織化」という言葉に現れているように、正解となるデータを与えなくても自らクラスタリングしてくれることが特徴で、教師なし学習の一種です。

入力されたデータに近いものを強く学習する

自己組織化マップにデータが与えられると、その入力にもっとも近いものが勝者となります。そして、この勝者の近くのものほど強く学習し、離れていれば学習の力が弱くなります。**さまざまな入力データが与えられると、その近くがそれぞれ強く学習するため、近いものが集まっていく**のです。図5-37の例では、2次元の平面に8×6個のニューロンを表現しており、それぞれのニューロンでは入力と同じ4次元の情報を持っています。最初はランダムにニューロンを配置し、訓練データが入力から与えられたとき、その入力データに近いニューロンを1つ選び、その周囲を入力データの値に近づけます。

この作業を訓練データに対して順に繰り返すことで、似たようなニューロンが集まってグループ分けができていくのです（図5-38）。

図5-37 自己組織化マップの例

	Sepal. Length	Sepal. Width	Petal. Length	Petal. Width	品種	記号
1	5.1	3.6	1.4	0.2	setosa	○
2	4.9	3.0	1.4	0.2	setosa	○
3	4.7	3.2	1.3	0.2	setosa	○
…						
49	5.3	3.7	1.5	0.2	setosa	○
50	5.0	3.3	1.4	0.2	setosa	○
51	7.0	3.2	4.7	1.4	versicolor	△
52	6.4	3.2	4.5	1.5	versicolor	△
…						
100	5.7	2.8	4.1	1.3	versicolor	△
101	6.3	3.3	6.0	2.5	virginica	+
…						
150	5.9	3.0	5.1	1.8	virginica	+

4次元 → 2次元

図5-38 学習の進み方（色で表現した場合のイメージ）

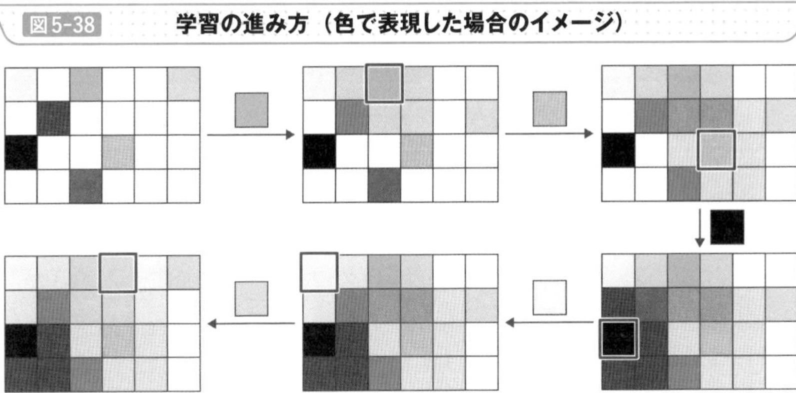

Point

- 入力されたデータを少ない次元で表現して可視化する手法として自己組織化マップがある
- 入力されたデータに近いデータを勝者として、その近くを強く学習するため、似たデータが自動的に集まり、近いものがわかりやすくなる

近似的な解を高速に求める

方程式の解を求める

ある関数 $y = f(x)$ があり、この関数で $y = 0$ となる座標を求める場面を考えてみます（図5-39左）。$f(x)$ が1次関数や2次関数であれば、方程式を解くだけで簡単に求められますが、複雑な関数ではこの x 座標を計算で求めるのが大変な場合があります。

この**x座標の近似値を高速に求める方法**として**ニュートン法**があります。まず、任意の x 座標を1つ決め、この x 座標でのグラフ上の点から接線を引きます。さらに、この接線と x 軸との交点について、交点の x 座標でのグラフ上の点から接線を引きます。これを繰り返すと、求めたい値に少しずつ近づいていくのです（図5-39右）。

値が小さくなる方へ移動

ニュートン法と同じように傾きを利用する方法として**勾配降下法**（最急降下法）があります。これは、機械学習などで最小値を求めるときに使われる手法で、**与えられた関数から最小値を直接求めるのではなく、グラフ上を値が小さくなる方向に少しずつ移動しながら探索**します。

図5-40左のように、傾きがマイナスなら正の方向に移動し、傾きがプラスなら負の方向に移動することを繰り返し、これ以上動けない点まで移動できれば最小値だと考えるのです。

ただし、図5-40右のような複雑な関数では、局所解に陥る可能性があります。最小値の近くから開始できれば最小値が求められますが、それ以外の山の外側から開始すると、局所解から出られないのです。

そこで、複数の初期値から探索する、といった対策が必要になり、**確率的勾配降下法**が使われることもあります。確率的勾配降下法は、訓練データをシャッフルしてランダムに選ぶことで初期値をバラバラにします。これにより、局所解に陥る確率を減らせる可能性があります。

図5-39　**ニュートン法**

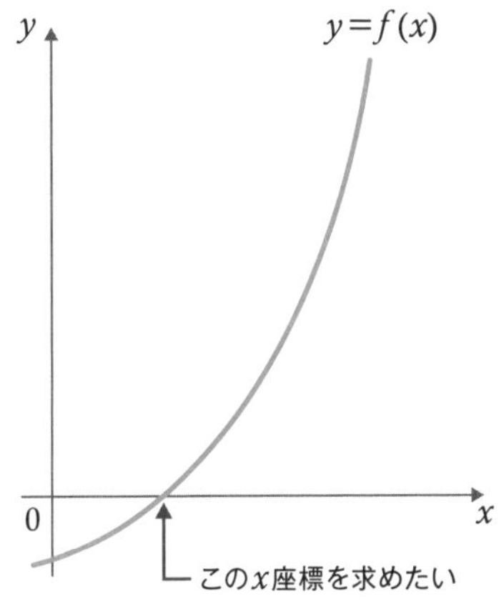

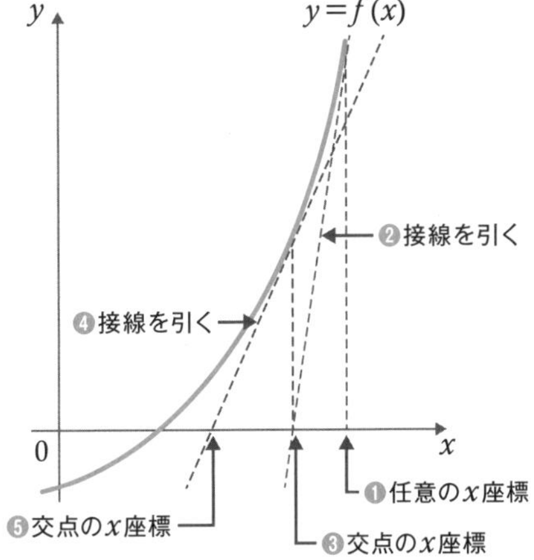

図5-40　**勾配降下法**

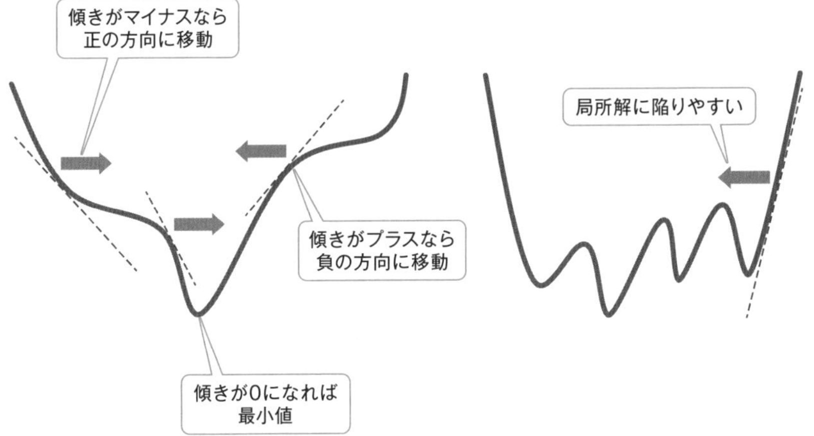

Point

- 方程式の解の近似値を高速に求める方法としてニュートン法がある
- 関数の最小値を求めるとき、傾きに注目して求める方法として勾配降下法がある

大量のデータを分類する

自動的にデータをグループ分けする

似たデータを集めて複数のグループ（クラスタ）に分ける方法として k-平均法（k-means法）がよく知られています。**最初にk個の適当なクラスタに分けたあと、それぞれのクラスタでの平均（重心）の計算を繰り返すことで、自動的にグループ分けができる**しくみです。

非階層型に分類されるクラスタリング手法で、決められた数のクラスタに分けたい場合には便利です。

k-平均法を試すとどうなるか？

図5-41左のような10店舗のデータをk-平均法でクラスタリングしてみます。それぞれの店舗での平日と休日の販売個数を見ると、平日の販売個数が多い店舗や、休日の販売個数が多い店舗があります。これは、図5-41右のような散布図で表現できます。

次に、これをk-平均法を使って3つのクラスタに分けてみます。最初は初期値として、それぞれのデータに適当なクラスタ番号を割り当てます。ここでは、●、▲、■という記号を順に割り当てています。次に、各クラスタの平均（重心）を計算し、それをクラスタの中心とします（図5-42左）。

それぞれの点について、中心との距離が一番近い（平均との距離が短い）クラスタを選び、そのクラスタの記号を割り当てます。また、それぞれのクラスタで平均を計算し、それを新たなクラスタの中心とします。

これを繰り返していくと、徐々に割り当てられるクラスタの記号が変わっていきます。値が変化しなくなったら処理終了です。今回は図5-42右のようになりました。

k-平均法では、データの分布に偏りがある場合など、初期値によって正しくクラスタリングされないことがあります。そこで、これを改善した方法である k-means++法が使われることもあります。

図5-41 **販売個数のデータ**

店舗	平日の販売個数	休日の販売個数
A	10	20
B	20	40
C	30	10
D	40	30
E	50	60
F	60	40
G	70	10
H	80	60
I	80	20
J	90	30

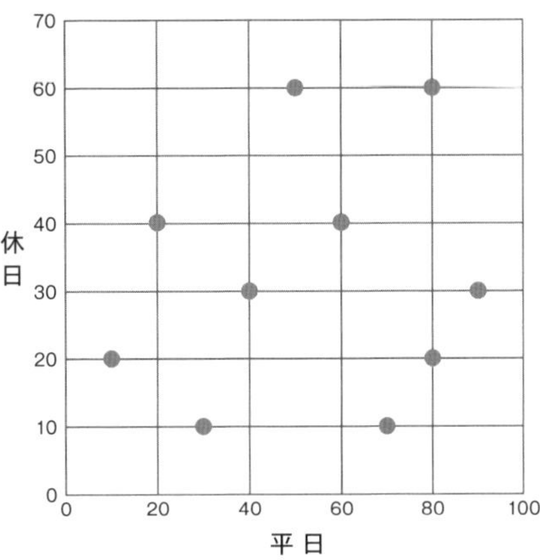

図5-42 **初期状態と終了状態**

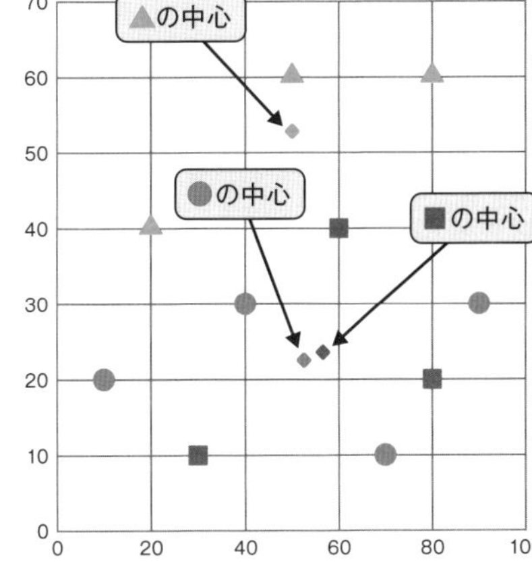

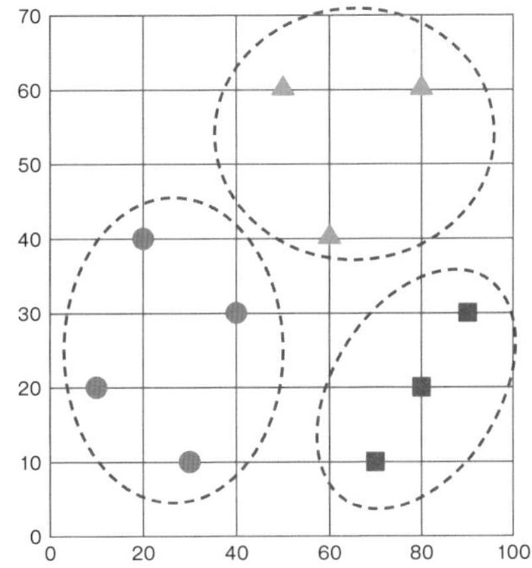

Point

- 非階層型クラスタリングの方法としてk-平均法があり、決められた数のクラスタに分けたいときに使われる
- k-平均法では最初に適当なクラスタを割り当てるが、クラスタの中心に近いものを割り当てることで、自動的にクラスタが構成されていく

データの次元を縮小して新たな指標で表現

複数の次元のデータを2次元で捉える

学校のテストには、国語、数学、英語、理科、社会といった複数の教科があります。そして、生徒の得点を見て、その成績を先生が評価する場合、いろいろな視点があります。例えば合計点で並べ替える方法、最高点や最低点の教科を見る方法、「理系」と「文系」といった分類で見る方法などです。5教科のデータを**1つや2つの次元で捉えることで、それぞれのデータの特徴がわかりやすくなる**のです。

このように、次元を縮小する方法として主成分分析があります。2次元や3次元で表現できれば、データの特徴を可視化でき、解釈しやすくなります。このため、アンケートの分析のような、多くの項目に対する回答結果を把握するためによく使われています。

散らばりが最大になる方向を求める

主成分分析はR言語などの統計が得意なプログラミング言語では簡単に実行できますし、便利なソフトウェアも登場していますが、まずは基本的なアルゴリズムを知っておきましょう。

例として、2次元のデータを1次元に圧縮することを考えます。この場合、元のデータの情報ができるだけ失われないような軸を探したいものです。つまり、ある軸に対して射影したとき、そのデータの分散（散らばり）が最大となる軸を探す必要があります（図5-43)。

そこで、主成分分析で多次元から2次元に圧縮して表現する場合も、データの重心（平均）を計算します。そして、この重心からデータの分散が最大となる方向を決めるのです。これが第1主成分となります。

次に、この第1主成分と直角になるような方向で、分散が最大となる方向を決めます。これが第2主成分です。そして、これを平面に散布図で図示すると、図5-44のようになります。

図5-43 軸の選択

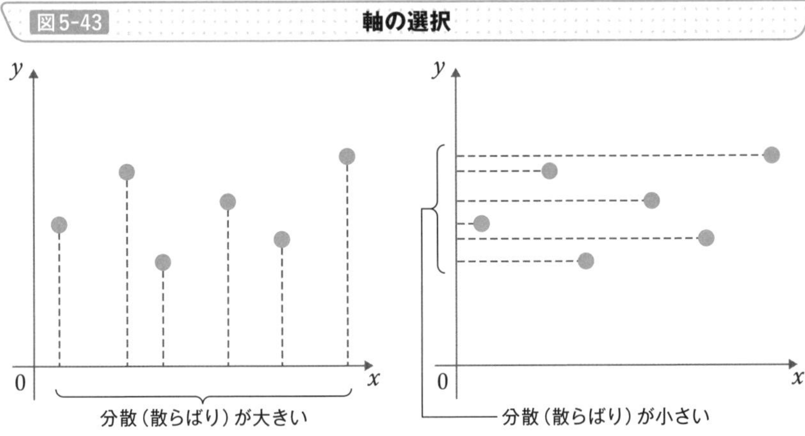

図5-44 主成分の決め方

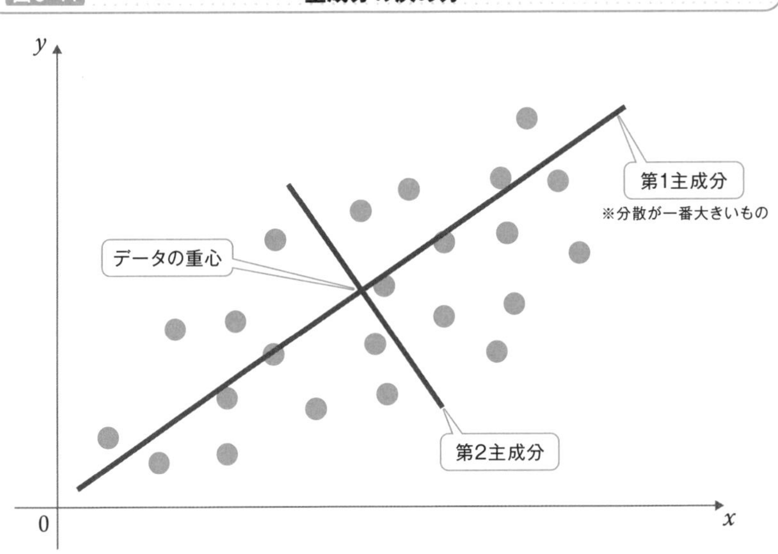

Point

- 主成分分析を使うと、たくさんの次元のデータを2次元などに次元を減らして表現できる
- 主成分分析では分散が大きくなるような方向で軸を設定する

やってみよう

身近に使われるAIの事例を調べてみよう

AIの活用事例としてイメージしやすいのは、ニュースで報じられることも多い囲碁や将棋でしょう。最近は、人間と対戦するというよりも、人間同士の対局での形勢判断などで、どちらが優勢なのかを表示する場合に使われており、プロの対局を見るときの楽しみ方が変わってきた印象もあります。

他にも私たちの周りにはAIと呼ばれているものがたくさん登場しています。例えば、音声認識や翻訳などは一昔前と比べて、かなり精度が高くなってきたと感じている人も多いのではないでしょうか。

また、最近は「人工知能搭載」を謳った商品が次々登場しています。例えば、電気シェーバーやバーコードリーダーなど、シンプルな機能に見えている製品でも、人工知能が宣伝効果となっています。

こういったニュースなどを見たとき、その裏側でどのような目的で人工知能の技術が使われているのかを想像してみると、他への応用方法を考えるときのヒントになるかもしれません。ぜひ、考えてみてください。

製品	使われている目的（予想）
例）電気シェーバー	ヒゲの濃さの検出
例）バーコードリーダー	バーコードの汚れの除去

第6章

その他のアルゴリズム
～高度に活用される応用事例～

小さな問題に分割して結果を記録

同じ探索を防ぐ

複数の経路の中からある値を探索するときに、同じような小さな処理を組み合わせて実現できることがあります。例えば、図6-1のような街があり、左下から右上まで最短距離で移動する経路が何通りあるか調べる場合を考えてみると、全体の経路の数はA地点を経由したもの、B地点を経由したものの和で求められます。つまり、全体より少し小さいサイズでの経路数を計算しておけば求められます。

同様に、A地点を経由したものも、それより少し小さいサイズでの経路数を計算しておけば、その和で求められます（図6-2）。このように、**解きたい問題をそれより小さい問題に分割して解いておき、必要に応じてそれぞれの答えを使って全体の答えを導く**ことができます。このような方法として**動的計画法**があります。英語のDynamic Programmingを訳したもので、DPと呼ばれることもあります。

1度実行した結果をメモしておく

動的計画法の中でも、**4-7**で紹介した「再帰」を使う場合を特に**メモ化**といいます。関数が以前に実行されたときの結果をメモとして保存しておき、同じ引数で再度呼び出されたときには、**その関数の処理を実行するのではなく、保存しておいた結果を返します。**

例として、「フィボナッチ数列」の第6項を計算する関数を考えてみましょう。フィボナッチ数列は、直前の2つの項の和で得られる数列のことで、図6-3の上のように並びます。一般に、第n項をfib(n)とすると、fib(n)=fib(n−1)+fib(n−2)で計算できます。つまり、第6項を計算する場合、図6-3の下のように関数を再帰的に実行して計算され、同じ引数で何度も呼び出されることがわかります。このとき、1度計算した結果を保存しておけば、2回目以降は計算する必要がなく、処理を大幅に高速化できます。

図6-1 動的計画法の考え方

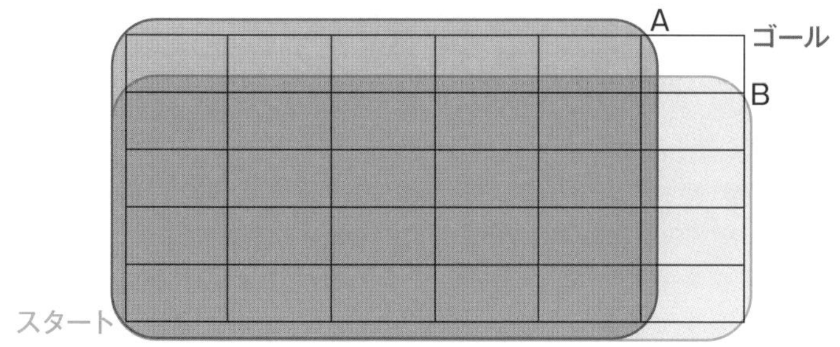

図6-2 動的計画法の計算

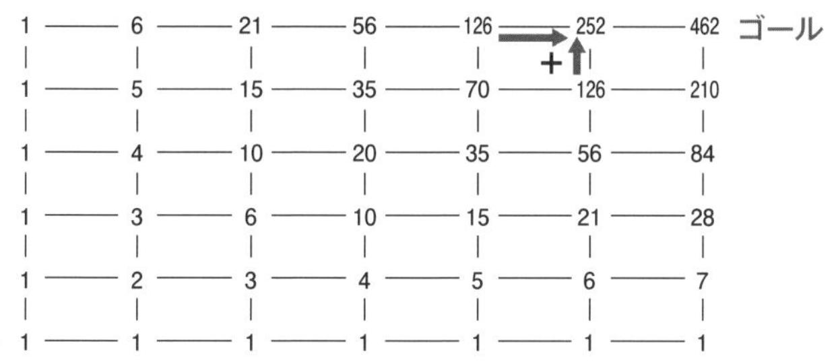

図6-3 メモ化

フィボナッチ数列：1, 1, 2, 3, 5, 8, 13, 21, 34, 55, …

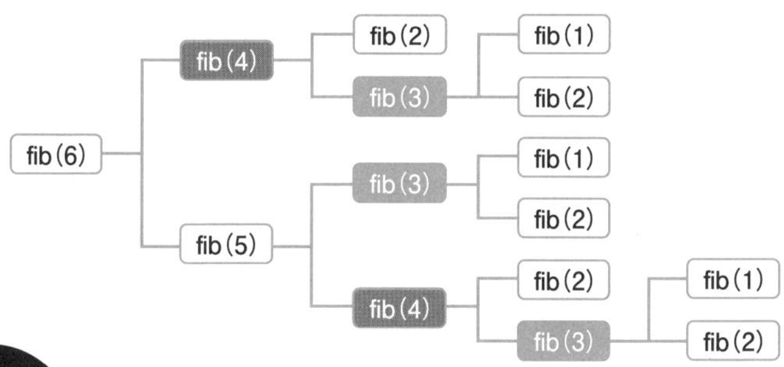

Point

- 解きたい問題をより小さい問題に分割し、その答えを使って全体の答えを導く方法として動的計画法がある
- 動的計画法の中でも、再帰を使った方法としてメモ化がある

データの容量を減らす

内容を失わずに量を減らす

ネットワークを通じて相手とデータをやりとりする場面を考えると、データ量が増えるとそれだけ通信に時間がかかります。また、コンピュータの内部にデータを保存する場合も、保存できる容量には上限があるため、データ量の削減を求められることがあります。

このようなときに**データを削除せず、データ量を減らす方法**として圧縮があります。布団圧縮袋が布団に含まれる空気を取り出して容量を減らすのと同じように、ファイルの中から無駄なものを取り除いて容量を減らし、必要に応じて元に戻します。この「元に戻す」作業を解凍や展開といいます（図6-4）。

なお、圧縮するとデータ量が減るだけでなく、できたファイルを見ても人間には中身がわからなくなります。このため、暗号化にも使えそうな気がしますが、解凍のアルゴリズムがわかっていれば誰でも元に戻せるため、暗号化としては使えないことに注意が必要です。

可逆圧縮と不可逆圧縮

圧縮には可逆圧縮と不可逆圧縮があります。可逆圧縮では、ファイルを圧縮して作成されたファイルを解凍すると、元のファイルと同じ内容が得られます。テキストファイルなどの場合には、元のファイルと同じ内容でないと意味がないので、可逆圧縮を使います。一方の不可逆圧縮は、解凍してもまったく同じ内容は得られません。しかし、画像や音声、動画などは、見た目に大きな違いがなければ問題ないことが多いです（図6-5）。

圧縮前と圧縮後のファイルの大きさを比較した割合のことを圧縮率といい、数値が小さいことを「圧縮率が高い」といいます（図6-6）。**一般的には可逆圧縮よりも不可逆圧縮の圧縮率が高くなります。**圧縮や解凍にかかる時間や圧縮率などを考え、用途に応じた圧縮方法を選ぶようにしましょう。

図6-4 **圧縮と解凍、展開**

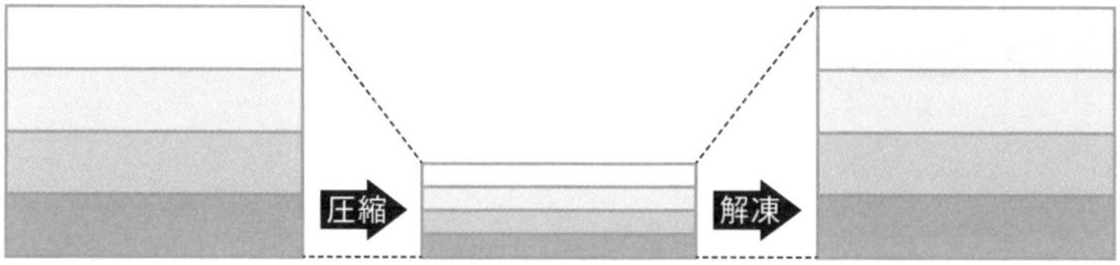

圧縮
解凍

図6-5 **可逆圧縮と不可逆圧縮**

吾輩は猫である。名前はまだ無い。どこで生れたかとんと見当がつかぬ。何でも薄暗いじめじめした所でニャーニャー泣いていた事だけは記憶している。
圧縮
解凍
吾輩は猫である。名前はまだ無い。どこで生れたかとんと見当がつかぬ。何でも薄暗いじめじめした所でニャーニャー泣いていた事だけは記憶している。
圧縮
解凍
得られる内容は同じではないが、見た目には違いがほぼわからない

図6-6 **圧縮率の計算**

圧縮前：100MB
圧縮率は30%
圧縮後：30MB

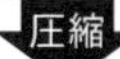

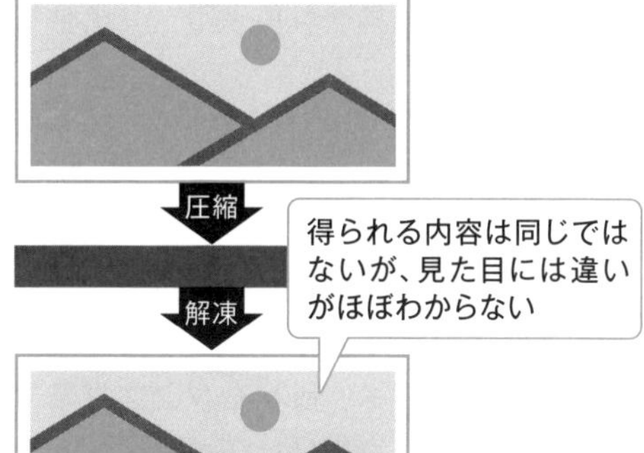

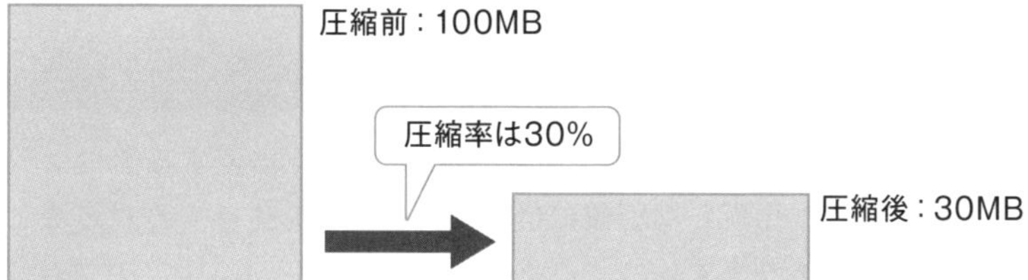

Point

- データを削除せずにデータ量を減らす方法として圧縮があり、圧縮したデータを元に戻す作業を解凍や展開という
- 圧縮の方法として可逆圧縮と不可逆圧縮がある

繰り返しを圧縮

規則性を見つけて圧縮する

圧縮の方法としてわかりやすいアルゴリズムにランレングス符号化（連長圧縮）があります。run（継続する）length（長さ）という名前の通り、同じ値が連続して登場した場合に、それをまとめて置き換える手法のことです。

例えば、「000000000」のように「0」が9個並んでいる場合、「0x9」と表現すると、文字数を削減できます。文章では同じ文字が連続することはないかもしれませんが、画像では同じ色が隣り合うことは珍しくありません。つまり、**同じ値が続けば続くほど、圧縮率が高くなります**。このため、FAXなど白黒の値だけが使われるような場合で、文字以外の場所が白の場合には効果的で、ランレングス符号化が採用されています（図6-7）。

ランレングス符号化にはデメリットもあり、同じデータが連続していないと元のデータよりもデータ量が増えてしまう可能性があります。例えば、上記のように文字数を削減することを考えたとき、「123456」という文字が与えられると、「1x1 2x1 3x1 4x1 5x1 6x1」のようになってしまい、元のデータよりもデータ量が増えてしまいます。

出現する値に応じて符号化する

ランレングス符号化のデメリットに対し、「よく出現する値には短いビット列を、あまり出現しない値には長いビット列を付与する」方法としてハフマン符号があります。

例えば、アルファベット1文字に5ビットずつ割り当てると32文字を識別できます。この方法を使って「SHOEISHA SESHOP」という文字列を表現すると、15文字なので75ビット必要です。しかし、図6-8のように出現回数に応じて符号化すると、同じ文字列を49ビットで表現でき、圧縮できているといえます。

図6-7 ランレングス符号化

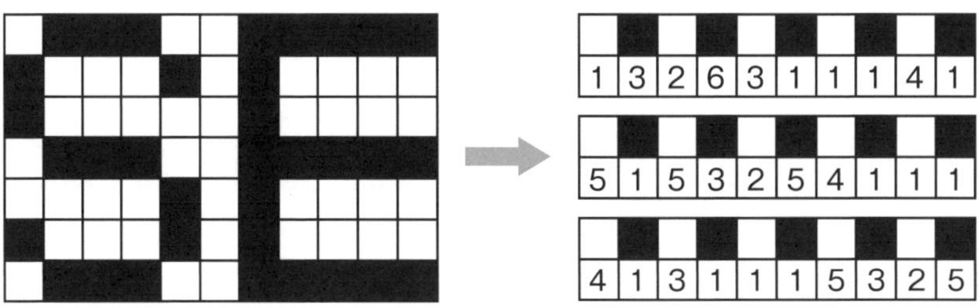

図6-8 ハフマン符号

アルファベットを5ビットで表現

A	B	C	D	E	F	G	H	I
00001	00010	00011	00100	00101	00110	00111	01000	01001
J	K	L	M	N	O	P	Q	R
01010	01011	01100	01101	01110	01111	10000	10001	10010
S	T	U	V	W	X	Y	Z	空白
10011	10100	10101	10110	10111	11000	11001	11010	00000

10011 01000 01111 00101 01001 10011 01000 00001 00000
10011 00101 10011 01000 01111 10000

ハフマン符号で表現

文字	A	E	H	I	O	P	S	空白
出現回数	1回	2回	3回	1回	2回	1回	4回	1回
符号	11110	110	10	111110	1110	1111110	0	1111111

0 10 1110 110 111110 0 10 11110 1111111 0 110 0 10 1110 1111110

Point

- 同じ値が連続して登場した場合に、それを1つにまとめて圧縮する方法としてランレングス符号化がある
- よく出現する値に短いビット列を付与することで圧縮する方法としてハフマン符号がある

入力の誤りを検出

誤入力などが発生する確率を減らす

社員番号や商品番号などを入力する際、注意しながら入力していても入力ミスは発生してしまいます。バーコードを機械で読み取って入力する場合でも、ゴミや汚れなどがあると誤認識してしまうこともあります。

このような場合に誤りがあることを検出するしくみとしてチェックデジットがあります。**本来のデータ以外にチェック用の桁を先頭や末尾に追加する方法**で、マイナンバーや免許証番号などでも使われています。

マイナンバーでは12桁のうち先頭の11桁が連番で付与されており、最後の1桁は他の数字から計算して求められます（図6-9）。これにより、1桁を間違えて入力するとチェックデジットが一致しなくなるため、間違いがあることに気づけるのです。書籍のISBNや商品についているJANコードのようなバーコードでも同様です。

誤りを生むノイズを検出する

文章をネットワーク経由でやりとりする場合、文章にはチェックデジットはありませんが、ノイズなどが入ってデータに誤りがあると困ってしまいます。

そこで、このようなときにノイズなどの影響を検出する方法としてパリティ符号があります。パリティ符号は、データをビット列で表現したときに存在する「0」と「1」の個数を調べ、それが奇数個なのか偶数個なのかによって、データに0か1のいずれかの値を追加する方法です。

例えば、図6-10のように全体に含まれる1の個数が偶数になるように0か1を追加すると、1ビットだけデータが反転した場合に、誤りがあることを検出できます。このように、パリティ符号を用いて誤りを検出する方法をパリティチェックといいます。また、一定の塊（ブロック）でパリティを求める方法を垂直パリティ、各ブロックの同じ位置にあるもので求める方法を水平パリティといいます。

図6-9 **マイナンバーのチェックデジット**

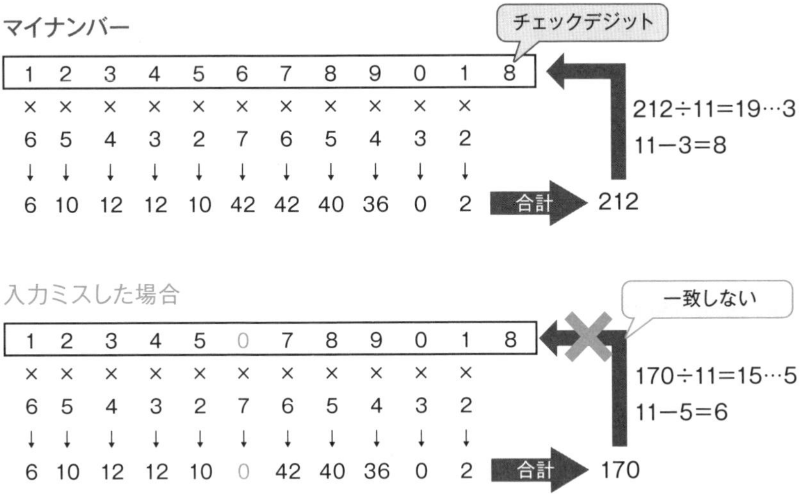

マイナンバー

チェックデジット

1	2	3	4	5	6	7	8	9	0	1	8
×	×	×	×	×	×	×	×	×	×	×	
6	5	4	3	2	7	6	5	4	3	2	
↓	↓	↓	↓	↓	↓	↓	↓	↓	↓	↓	
6	10	12	12	10	42	42	40	36	0	2	

合計 → 212

212÷11=19…3
11−3=8

入力ミスした場合

一致しない

1	2	3	4	5	0	7	8	9	0	1	8
×	×	×	×	×	×	×	×	×	×	×	
6	5	4	3	2	7	6	5	4	3	2	
↓	↓	↓	↓	↓	↓	↓	↓	↓	↓	↓	
6	10	12	12	10	0	42	40	36	0	2	

合計 → 170

170÷11=15…5
11−5=6

図6-10 **パリティ符号**

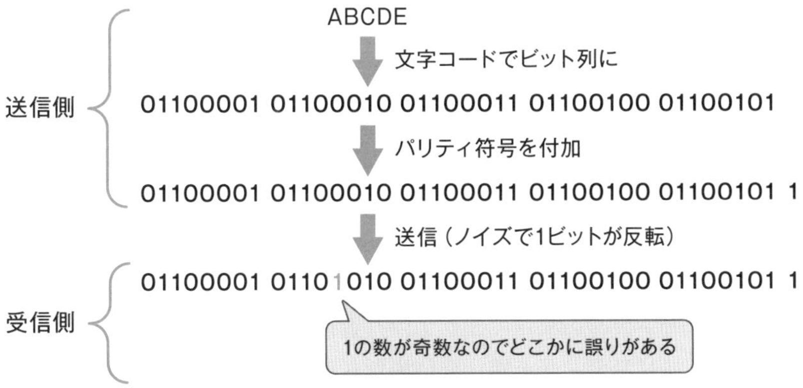

送信側

ABCDE

↓ 文字コードでビット列に

01100001 01100010 01100011 01100100 01100101

↓ パリティ符号を付加

01100001 01100010 01100011 01100100 01100101 1

↓ 送信（ノイズで1ビットが反転）

受信側

01100001 01101010 01100011 01100100 01100101 1

1の数が奇数なのでどこかに誤りがある

Point

- マイナンバーなどの入力ミスなどを防ぐために、本来のデータ以外にチェック用の桁を先頭や末尾に追加する方法としてチェックデジットがある
- ネットワーク経由でのノイズなどを検出する方法としてパリティ符号がある

雑音やノイズを除去

誤りを自動的に訂正する

チェックデジットやパリティ符号を使えば、入力された内容にノイズが含まれても1ビットであれば検出できました。しかし、ただ検出できるだけなので、問題があった場合は人間が確認して修正する必要があります。また、2ビットが反転してしまうと検出できません。

ネットワーク経由でのやりとりだと、途中でデータにノイズが加わることで一部のデータが正しく読み取れない場合があります。この場合、再度送り直す方法もありますが、何度も送り直すのは速度の面でも無駄が多いものです。

そこで、届いたデータに誤りが少しだけであれば、それを訂正できると便利です。このように、**誤りが含まれていても、少しであれば訂正できるような符号化方法**を**誤り訂正符号**といいます。

少しの誤りを正したり、見つけたりする符号

誤り訂正符号の代表的な方法として**ハミング符号**があります。ハミング符号では、ブロック単位における誤りが1ビットであれば訂正でき、2ビットの誤りがあっても検出できます。例えば、図6-11のような4桁のデータがあれば、3桁のパリティ符号を付加した7桁のデータを送信します。もし受信側で一番左の桁が反転していた場合、同じようにパリティ符号を計算すると、パリティが一致しない場所があります。これにより、一番左の桁が反転していることがわかり、訂正できるのです（図6-12）。

4桁のデータに3桁の検出用の符号を付加するのは無駄に感じるかもしれませんが、11桁のデータであれば4桁を付加した15桁のデータ、26桁のデータであれば5桁を付加した31桁のデータ、というように桁数が大きくなると無駄は減っていきます。

現実的には、地上デジタル放送やQRコード、DVDなどで使用されている誤り訂正符号であるリード・ソロモン符号が多く使われています。

図6-11　**ハミング符号**

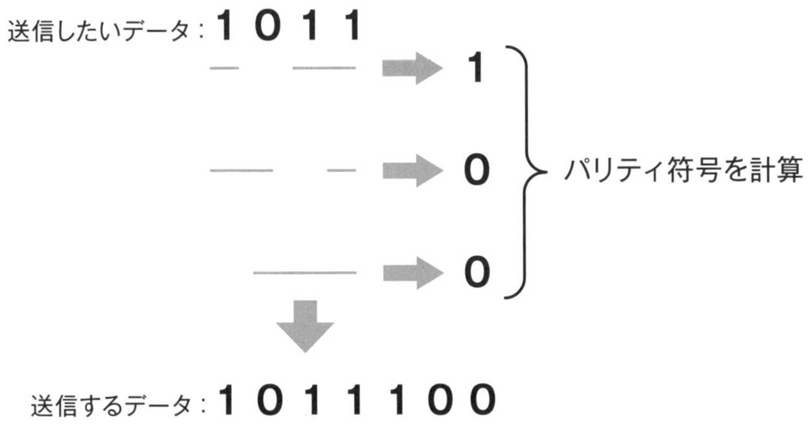

送信したいデータ：1 0 1 1
1
0
0
パリティ符号を計算
送信するデータ：1 0 1 1 1 0 0

図6-12　**ハミング符号での誤りの訂正**

受信データ：0 0 1 1 1 0 0
1
1
0
上の2つに共通し、
下の1つに関係ない
ビットがおかしい

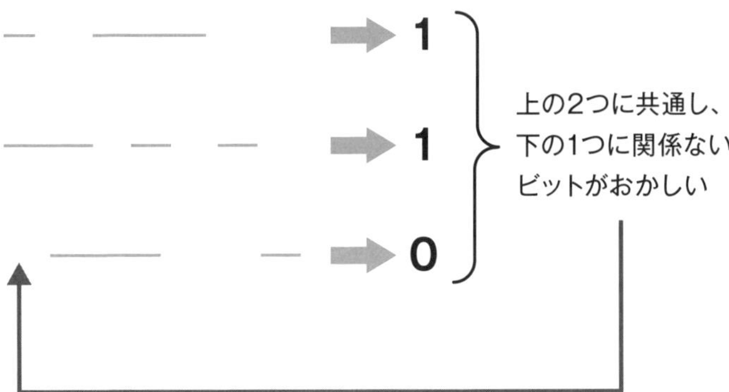

Point

- 誤りを検出するだけでなく、訂正できるような符号を誤り訂正符号という
- 誤り訂正符号の例としてハミング符号があり、1ビットの誤りであれば訂正でき、2ビットの誤りであれば検出できる

暗号アルゴリズムによるセキュリティ強化

他人に文章を読み取られないようにする

文章をやりとりするときに、仲間だけがわかるようにするためには、事前に仲間内で決めたルールで変換する方法があります。元の情報が他の人に知られないように変換することを暗号化といいます（図6-13）。

暗号化された文章を受け取った人が、元の文章を知るためには元に戻す作業が必要で、これを復号と呼びます（「復号化」という言い方をしている文献もありますが、一般的には復号を使います）。この変換された文章を暗号文、元の文章を平文（ひらぶん）といいます。**変換ルールが単純だと、仲間以外が暗号文を手に入れたときに元の文章に戻せる（解読できる）ため、できるだけ複雑な変換ルールが必要**です。

インターネット上で使われる現代暗号

暗号は古くから多くの研究が行われてきました。わかりやすい例として、平文の文字に別の文字を割り当てる「換字式暗号」や、平文の文字を並べ替える「転置式暗号」などが知られています（図6-14）。

同じように置き換えるアルゴリズムであっても、対応表が変わるとできる暗号文がまったく異なるように、暗号においては「変換ルール（アルゴリズム）」だけでなく「鍵（対応表など）」は重要な役割を果たします。

鍵によって違う暗号文が得られても、生成できるパターンは限られていますので、総当たりなどが使える環境で変換ルールさえわかってしまえば簡単に解読できてしまいます。このような場合、**鍵だけでなくアルゴリズムも秘密にしておくことが一般的**で、「古典暗号」と呼ばれています。

一方、変換ルールが知られても鍵さえ他の人に知られなければ安全なものは「現代暗号」と呼ばれ、インターネット上でのやりとりなどに使われています。古典暗号は暗号化と復号の内容がイメージしやすいため、勉強用に使われることが一般的です。

図6-13 **暗号化と復号、解読**

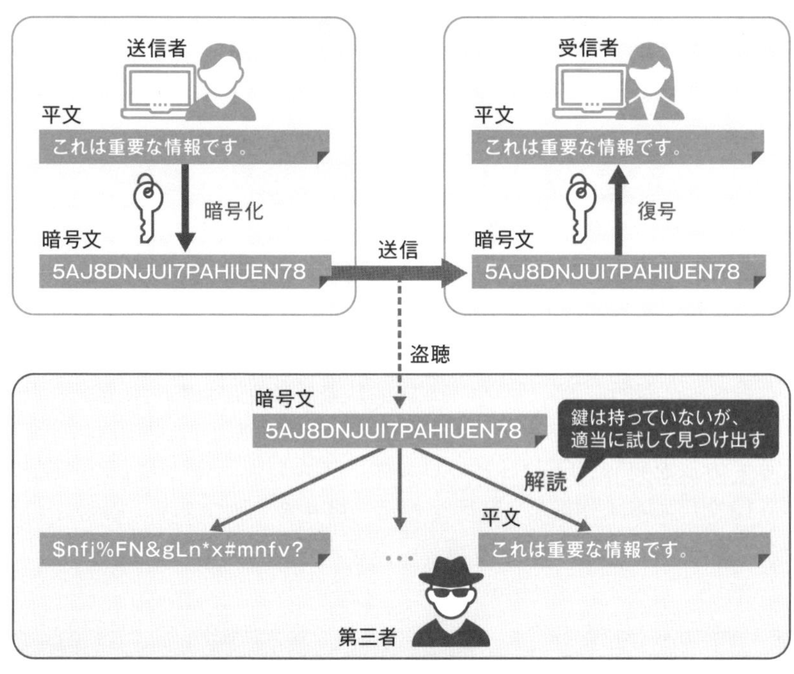

図6-14 **換字式暗号と転置式暗号**

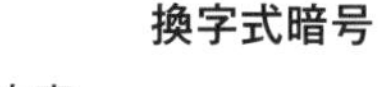

換字式暗号

対応表

A	B	C	D	E	F	G	H	I	…
G	D	E	I	C	A	H	B	F	…

CAFE → EGAC

転置式暗号

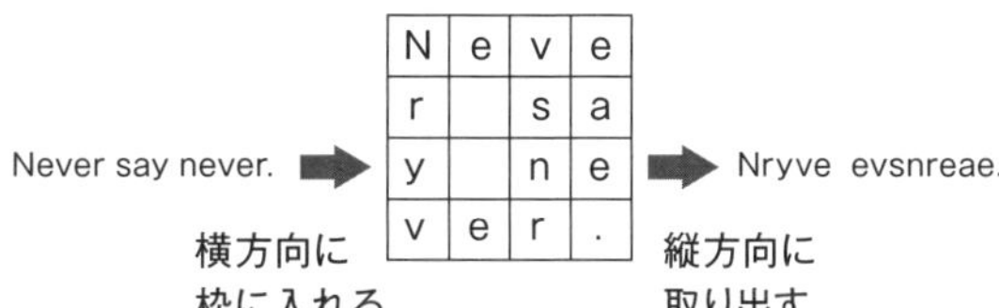

Point

- 元の情報が他の人に知られないように変換することを暗号化といい、元に戻す作業を復号という
- 昔から研究されてきた暗号化方式として、換字式暗号や転置式暗号があり、これらを古典暗号という

簡単な暗号とその解読

アルファベットの位置をずらす

換字式暗号の中でも特に有名なのがシーザー暗号です。**アルファベットがAからZまで順に並んでいることに着目し、一定の数だけ文字をずらすことで暗号化する方法**です（図6-15)。例えば、「3文字後ろにずらす」場合、「SHOEISHA」という単語は「VKRHLVKD」と変換できます。復号するときは、逆方向に3文字ずらすと元の言葉が得られます。

シーザー暗号のように一定の数だけ文字をずらすとき、単純に13文字ずらす方法を特にROT13といいます。アルファベットは26文字なので、13文字ずらす作業を2度行うと元に戻ります。つまり、暗号化のプログラムをもう1度実行すると復号にも使えるのです。

統計的に暗号を解読する

シーザー暗号のような換字式暗号の場合、総当たりで解読を試す方法もありますが、統計的に分析する方法がよく使われます。**文章の中によく登場する文字を統計的に考え、それを使って解読する方法**です。

例えば、英語の文章では「e」という文字が多く登場することが知られています。また、「the」という単語がよく使われることから、3文字で最後が「e」の場合は「t」と「h」も推測できることがあります。逆に、「j」「k」「q」「x」「z」などはあまり登場しない文字だといわれています。これを使って、少しずつ図6-16のような表を埋めていくのです。今回の場合、明らかに多く登場した「r」の文字を「e」だと予測すると、「gur」を「the」だと判断できます。

さらに、暗号文の2行目の最初の単語のように、最後に同じ文字が続く単語を考えると、「shall」のように最後が「ll」の単語が思い浮かびます。これらの文字の対応表を眺めていて規則性に気づくと、今回の場合はROT13だと判断できるため、元の文を推測することが可能になります。

図6-15　シーザー暗号とROT13

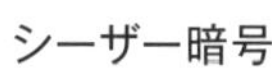

図6-16　暗号の解読手法の例

【暗号文】
tbireazrag bs gur crbcyr, ol gur crbcyr, sbe gur crbcyr,
funyy abg crevfu sebz gur rnegu

文字	a	b	c	d	e	f	g	h	i
回数	3	8	7	0	5	2	7	0	1

文字	j	k	l	m	n	o	p	q	r
回数	0	0	1	0	2	1	0	0	14

文字	s	t	u	v	w	x	y	z
回数	3	1	7	1	0	0	5	2

【元の文】
government of the people, by the people, for the people,
shall not perish from the earth
（リンカーンのゲティスバーグ演説）

Point

- アルファベット順に文字を一定の数だけずらす方法としてシーザー暗号やROT13がある
- 単純な暗号であれば、その文章に登場する文字を統計的に考えて解読できる可能性がある

負荷が小さい暗号方式

暗号化と復号に同じ鍵を使う

シーザー暗号では暗号化と復号に同じ鍵（ずらす文字数）を使いました。このような単純な方法でなくても、暗号化と復号の操作に同じ1つの鍵を使う手法は**共通鍵暗号**（対称鍵暗号）と呼ばれます（図6-17）。鍵が知られてしまうと暗号文を復号できてしまうため、鍵を秘密にする必要があることから**秘密鍵暗号**とも呼ばれます。

共通鍵暗号は**実装が容易で、暗号化や復号の処理を高速に実行できます**。大きなファイルを暗号化するとき、処理に膨大な時間がかかるようでは実用に耐えないため、処理速度は重要です。シーザー暗号が文字単位で処理するように、逐次暗号化する方法は「ストリーム暗号」と呼ばれています。現代暗号では、ストリーム暗号に加え、文字単位ではなく一定の長さ（ブロック単位）でまとめて暗号化する「ブロック暗号」がよく使われており、DESやトリプルDES、AESなどの方式が有名です。

離れた相手に安全に鍵を渡すには？

インターネットを利用するときは相手が離れた場所にいる可能性があり、どうやって相手に鍵を渡すか、という問題が発生します。これを**鍵配送問題**といいます。暗号化せずに鍵をインターネット経由で送ってしまうと、他の人に知られてしまうため、他の方法が求められます。

直接会って渡したり、郵便で送ったりするなど他の手段を使う方法も考えられますが、通信する相手の数が増えると、その相手の数だけ鍵が必要になります。配送が大変なだけでなく、その鍵の数が問題なのです。

2人なら1種類の鍵で十分ですが、3人がそれぞれ別の鍵で通信する場合は3種類の鍵が必要です。この数は人数が増えると急速に増えていき、4人だと6種類、5人だと10種類となり、膨大な数の鍵を適切に管理することが求められます（図6-18）。

図6-17 共通鍵暗号

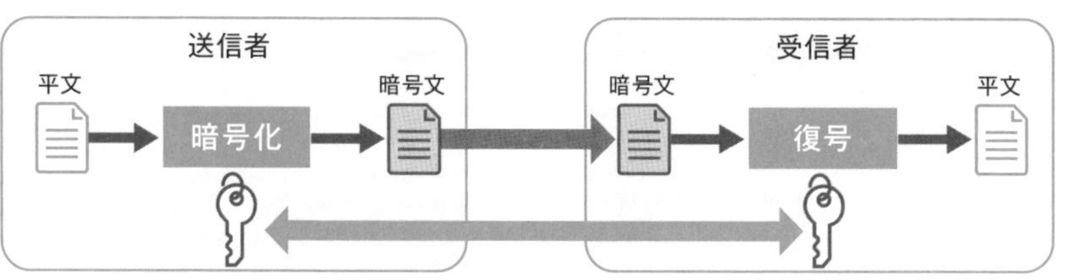

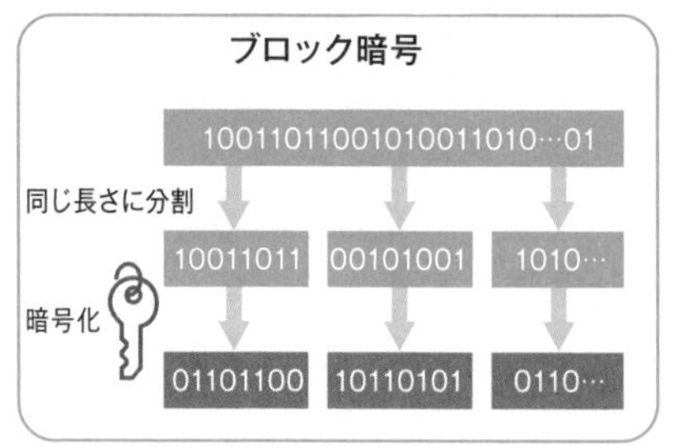

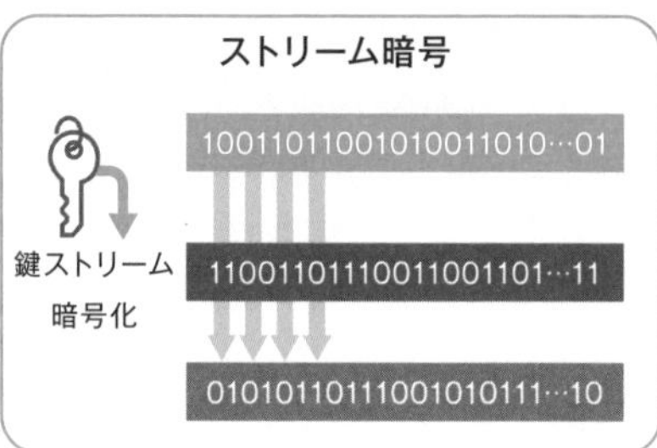

図6-18 鍵ペアの数

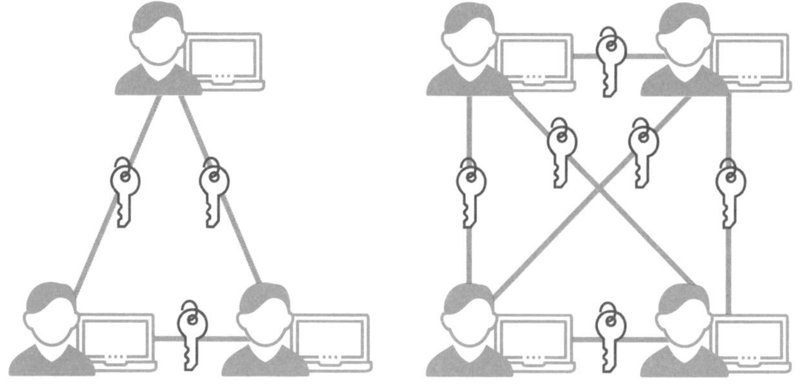

Point

- 暗号化と復号に同じ1つの鍵を使う手法を共通鍵暗号と呼ぶ
- 現代暗号ではブロック暗号が多く使われている
- 共通鍵暗号では、離れた場所にいる相手にどうやって鍵を渡すかという鍵配送問題がある

安全に鍵を共有する

鍵配送問題の解決法

鍵配送問題を解決する方法として**Diffie-Hellman鍵交換**があります。鍵交換という名前がついていますが、実際には鍵を交換しているわけではなく、**それぞれが共有する鍵を計算によって作り出しています**。そのため、Diffie-Hellman鍵共有と呼ばれることもあります。

例として、AさんとBさんが共通鍵暗号の鍵を共有したい場合を考えてみましょう。このとき、共通鍵を直接受け渡しするのではなく、鍵を作り出すための値を共有し、その値を使って計算することでそれぞれが同じ共通鍵を生成できることがポイントです。具体的には、図6-19のような手順で共有鍵を生成します。

第三者には鍵が求められない計算式

まず、それぞれが乱数を使って値を生成します。Aさんは5、Bさんは6、という値を生成したとします。この値はお互いに知らせることはなく、手元で秘密にしておきます。

次に、共有する鍵としてある素数pと、それより小さい値gを決め、それぞれが共有します。できるだけ大きな数を使うことが必要ですが、ここでは$p=7, g=4$と設定します。

さらに、gをそれぞれが持っている乱数の値で累乗し、その数をpで割ったあまりを相手に渡します。相手は、受け取ったあまりのg乗を計算し、pで割ってあまりを求めます。このあまりが一致することが証明されており、このあまりを共通鍵として使うのです。今回の場合は、1となりました（図6-20）。

この共通鍵は公開していないので、他の人には知られませんし、第三者は公開鍵だけを知っていても、それぞれが生成した値がわからないので、共通鍵を求めることができない、というしくみです。

図6-19 Diffie-Hellman鍵交換

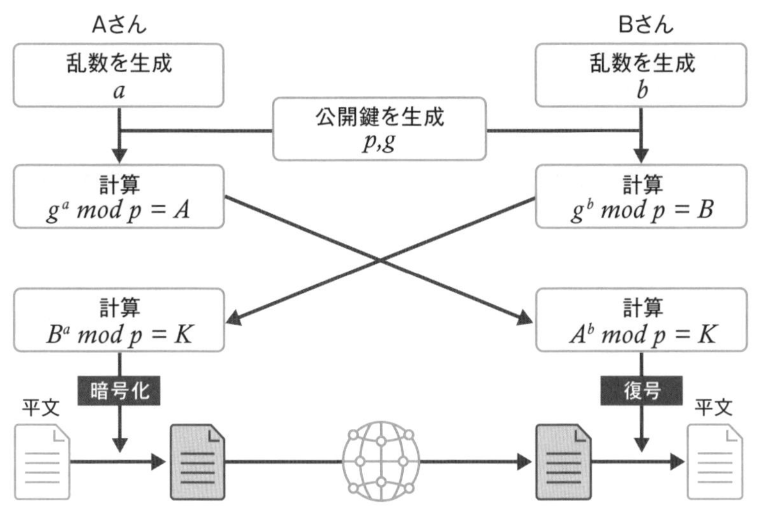

図6-20 計算例

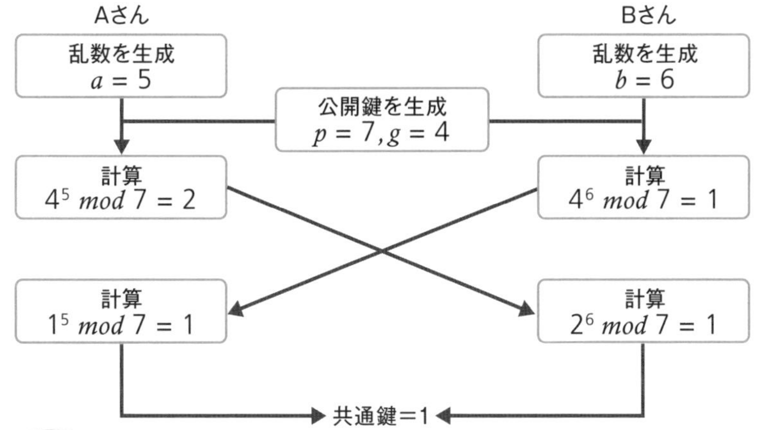

Point

- 共通鍵暗号方式の鍵配送問題を解決する方法として、Diffie-Hellman鍵交換がある
- Diffie-Hellman鍵交換では、公開鍵として生成した値を使ってあまりを計算するだけで共通鍵を生成できる

大きな数の素因数分解が困難であることを利用

公開鍵暗号のしくみ

Diffie-Hellman鍵交換は、共通鍵暗号の鍵を生成しましたが、**暗号化と復号で異なる鍵を使う方法**として公開鍵暗号（非対称暗号）があります。暗号化と復号で使う鍵は、それぞれ独立しているものではなく対になっており、1つは公開鍵で第三者に公開しても構いません。もう1つは秘密鍵で、本人以外には絶対に知られないようにする必要があります。

例えば、AさんからBさんにデータを送信するとき、Bさんは1対の公開鍵と秘密鍵を用意し、公開鍵を公開します。AさんはBさんの公開鍵を使ってデータを暗号化し、その暗号文をBさんに送ります。Bさんは受け取った暗号文をBさんの持つ秘密鍵で復号して、元のデータを得ることができます。このとき、秘密鍵はBさんしか知らないため、暗号文を第三者に盗聴されても復号されることはありません（図6-21）。

公開鍵暗号では、**それぞれが用意する鍵は2つ（公開鍵と秘密鍵）だけで、通信する相手の数が増えても、用意する鍵は増えることはありません**。暗号文をやりとりする場合は、受信側が公開鍵を公開するだけで済むため、共通鍵暗号のように鍵をどうやって伝えるか、という問題も発生しません。

よく使われる手法

代表的な公開鍵暗号のアルゴリズムとしてRSA暗号があります（図6-22）。RSAは開発者の名前の頭文字から名付けられたアルゴリズムで、大きな数の素因数分解が難しいことを利用しています。Diffie-Hellman鍵交換と比べ、RSA暗号はデジタル署名にも使えるメリットがあります。

素因数分解は素数の積に分解することで、例えば6=2×3、8=2×2×2のように分解できます。小さな数であれば簡単に分解できますが、10001=73×137のようになるとなかなか大変です。逆方向の掛け算は簡単ですが、分解が難しいのです。

図6-21 **公開鍵暗号**

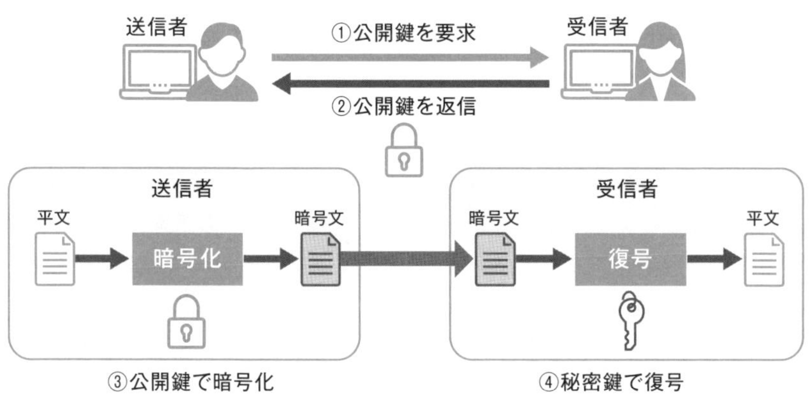

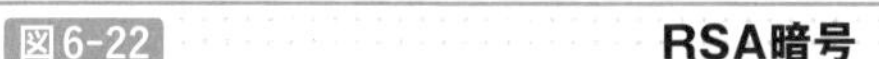

図6-22 **RSA暗号**

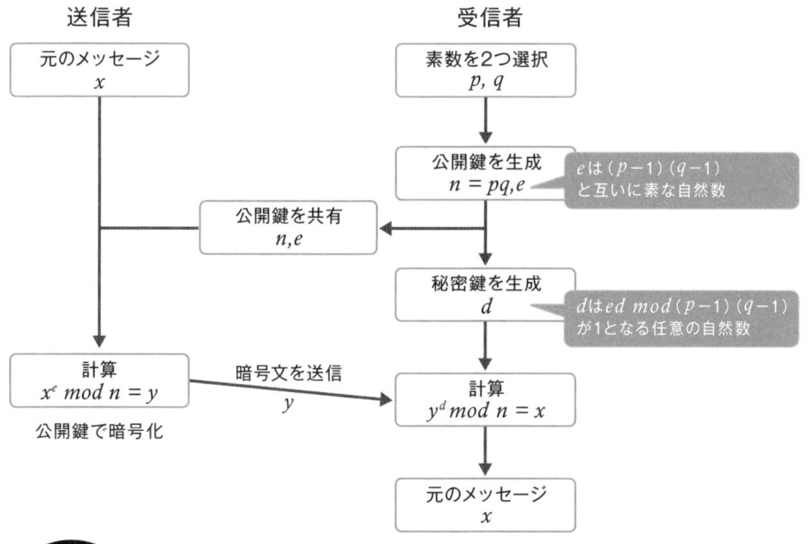

Point

- 暗号化と復号で異なる鍵を使う方法として公開鍵暗号がある
- 大きな数の素因数分解が難しいことを利用した公開鍵暗号のアルゴリズムとして、RSA暗号がある

短い鍵で安全性を確保する

鍵の長さが長くなりすぎる問題を改善

RSA暗号はシンプルなしくみですが、コンピュータの高速化に伴い、暗号化に使う鍵の長さがどんどん長くなっています。現在では2048ビットが主流ですが、2030年には3072ビットにしないと安全性が保てないといわれています。**桁数を増やすことは、暗号化の処理にそれだけ時間がかかる**ため、最近では**楕円曲線暗号**と呼ばれる手法が使われ始めています。楕円曲線暗号では、素因数分解ではなく、図6-23のような楕円曲線という曲線を使います。ある点Pの接線を引いて交点のy座標の符号を逆転する操作を繰り返したとき、n番目のPは簡単に求められますが、Pとn番目のPの位置からnを求めることが難しい、という問題です。

NIST（アメリカ国立標準技術研究所）のSP800-57（鍵管理における推奨事項）によると、2048ビットのRSA暗号と224～255ビットの楕円曲線暗号は同等の安全性があるとされており、桁数が少なくて済むメリットがあります。

暗号が解読されるまでの時間が短くなる

コンピュータの性能の向上や秘密鍵の漏洩などによって、暗号が破られる、安全といえない状態になることを**危殆化**（きたいか）といいます（図6-24）。例えば、アルゴリズムの面では「暗号アルゴリズムの2010年問題」があり、2010年以降、RSA暗号の場合は1024ビットではなく2048ビットの鍵を使う、ハッシュ関数はMD5やSHA1ではなくSHA-256などを使うことが求められました。

つまり、**それ以前は十分安全だとされていたものが、コンピュータの性能向上により解読までの時間が短くなってしまった**のです。これは今後も同様のことが起きる可能性があります。他にも、量子コンピュータが実用化されると、RSA暗号や楕円曲線暗号などが容易に解読できてしまう可能性があります。秘密鍵が漏洩した、パスワードを盗み見られたような場合は、鍵の危殆化と呼ばれ、これも危殆化に含まれます。

図6-23　楕円曲線暗号

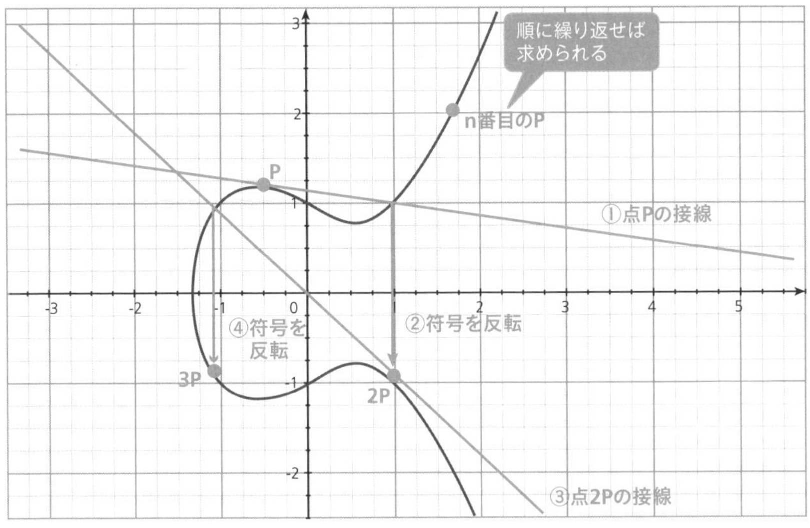

図6-24　危殆化の例

新しい攻撃手法の発見・開発

コンピュータの高性能化

パスワードの紛失・盗み見

Point

- 楕円曲線暗号では、RSA暗号に比べて鍵長が短いという特徴がある
- 現在は安全な暗号方式でも、時が経てばその暗号が破られる可能性があり、これを危殆化という

SNSで使われるアルゴリズム

利用者が興味のあるものをトップに表示する

Facebookでは、他の利用者の投稿が時間順に表示されるだけでなく、利用者が興味を持ちそうな順番に表示されます。このとき、「興味を持ちそう」だと判断するために、アクセス履歴などの利用者のそれまでの行動や、閲覧しているコンテンツの種類（動画、画像、テキストなど）、他の人による投稿の人気度などが利用されているといわれています。

Twitterも、新しいツイートを優先して表示するだけでなく、利用者に最適だと思われる投稿が上位に表示されるようにもなっています。フォローしていない利用者の投稿であっても、他の人が「いいね」をしたり、リツイートしたりすると表示されます。また、「トピック」というカテゴリがあり、利用者が興味を持っている項目が表示されたりします（図6-25）。

これらのアルゴリズムは公開されていないため、細かな部分はわかりません。しかし、これらのSNSをマーケティング目的で使う場合には、**自社で作成したコンテンツが多く目に留まるように、さまざまな工夫が必要**です。ただ投稿するだけでなく、広告など課金することによって優先順位を上げる方法もよく使われます。

友達の友達は友達

それぞれの人が持つ知り合いについて、その先の知り合いを考えると、**世界中のすべての人が6ステップ以内でつながっている**、という考え方を6次の隔たりといいます（図6-26）。

例えば、Aさんの知り合いが23人いて、その知り合いも他の知り合いが23人いて、…ということを考えると、23^6=148,035,889人となります。これは日本の人口を超えています。

多くの人にとって、知り合いの数は23人より多いため、これが仮に45人になると、45^6=83億人となり、世界の人口を超えるのです。

図6-25 SNSでの表示順

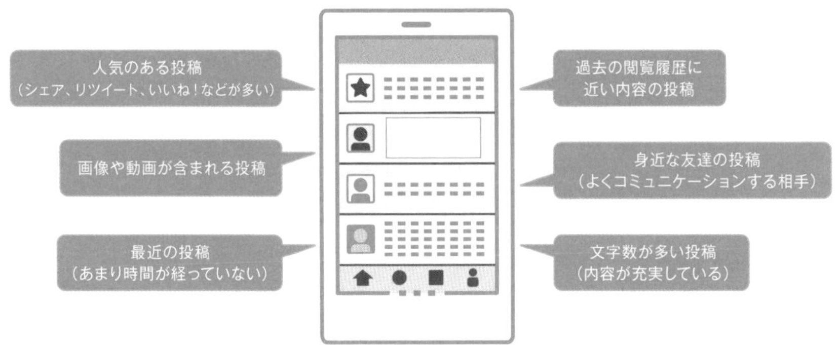

図6-26 6次の隔たり

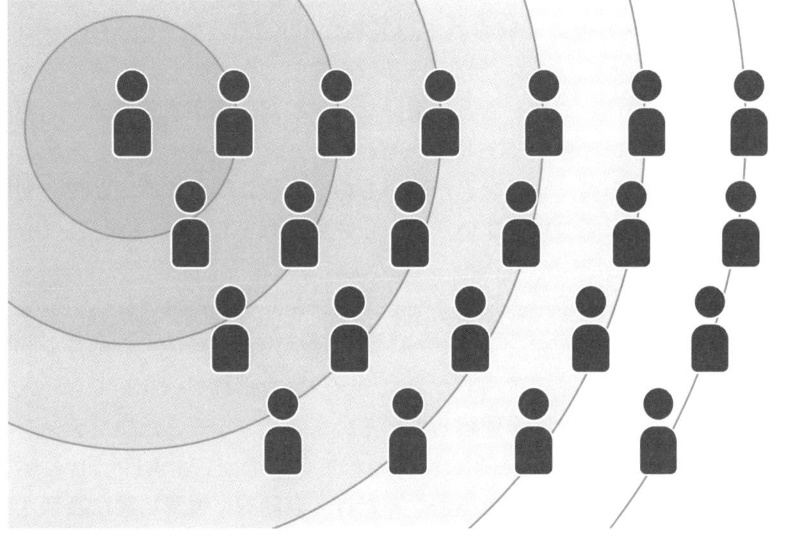

Point

- SNSでは時間順に表示されるだけでなく、さまざまな条件を考慮したAIのアルゴリズムによって表示される順番が決まる
- 知り合いの知り合いをたどっていくと、6ステップ程度で日本の人口を簡単に超えてしまう

Googleのアルゴリズム

他からのリンクが多いページは信頼度が高い

書籍や論文などの場合、その末尾に「参考文献」が挙げられていることがあります。つまり、注目されている論文や重要な論文であれば、多くの論文などで参考文献として使われるということです。このように引用されている数のことを被引用数といいます。さらに、被引用数の多い論文から引用されている論文はより重要だと考えられます。このような考え方をWebサイトでも使った方法として、Googleで使われているページランクがあります（図6-27）。

インターネット上に公開されているWebページにおいて、そのリンクを順にたどることでリンクされている数を集計したものとして被リンク数があり、この被リンク数をもとに重要なページだと判定するのです。利用者が検索エンジンでキーワードを入力したとき、そのキーワードを含むページのうち、この**ページランクが高いものを上位に表示することで、利用者の求める内容が見つけやすい**ことから注目されました。

AIによるコンテンツの関連性の判断

利用者が入力したキーワードがコンテンツに含まれていなくても、入力されたキーワードの意味を理解して、その意味にマッチしたコンテンツを含むページを表示する手法として使われているのがRankBrainという方法です。**似たような言葉で検索するだけで自動的に検索結果に表示される**ため、利用者はキーワードを変えながら試す必要がなくなり、便利に利用できます。この背景にあるのが、AIによる学習です（図6-28）。

多くの利用者が入力した検索キーワードを自動的に学習し、自然言語処理を使うことで利用者が知りたい情報を認識し、最適な検索結果を表示してくれるのです。具体的な内部のアルゴリズムは不明ですが、あいまいな検索でも精度の高い結果が得られるように改善が続いていることがわかります。

図6-27 ページランク

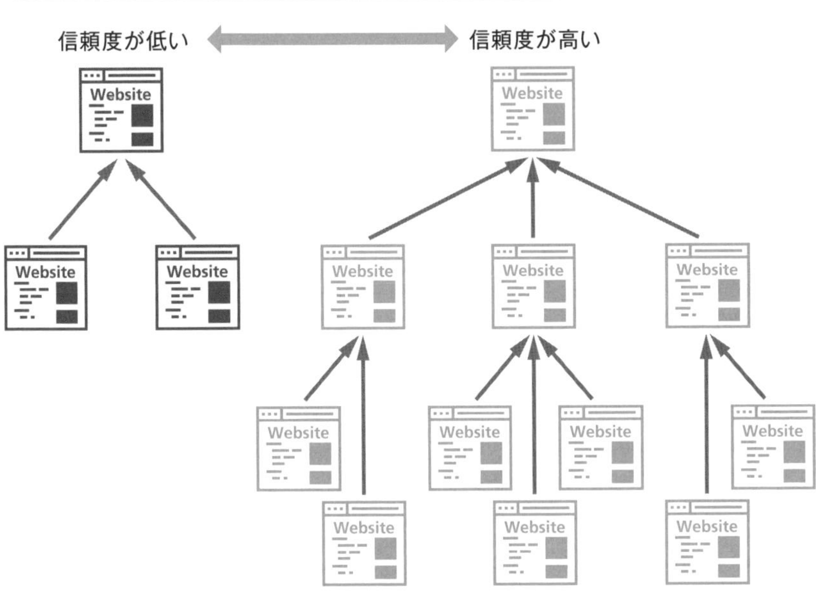

図6-28 RankBrainの例

Point

- インターネット上での被リンクをもとに重要なページだと判定する手法としてページランクがある
- 利用者が入力したキーワードに関連するコンテンツを検索結果として表示する技術としてRankBrainがある

事前の情報なしに意思決定する

複数の案を試してから判断する

新しいWebサイトをデザインするとき、複数の案からどれを選ぶのか迷う場面があります。このとき、会議で検討するのではなく、**実際に複数の案を公開して運用し、コンバージョン率**[※1]**などの結果がよい方を採用する方法**として**A/Bテスト**があります（図6-29）。

Webサイトの場合、負荷分散装置などを使って、特定のページへのアクセスを自動的に振り分けられます。これにより、複数のデザインにおける結果を確認して判断できるのです。

よい結果を多く表示して報酬を調整する

A/Bテストは便利な一方で、ある程度の期間はデータの収集だけに使われています。つまり、一定の期間が終わらないと評価できず、その間に得られるはずだった売上が失われてしまう可能性があります。

現実には、限られた回数の中で、もっともよい結果が得られるものを選びたいものです。そこで、**よい結果が得られているデザインを確率的に多く表示するなどして、得られる報酬が最大になるように調整する方法**として**バンディットアルゴリズム**があります。つまり、データを収集（探索）している最中から行動を変えるのです（図6-30）。

ある店でレジに並ぶ場面を考えてみましょう。どのレジに並ぶと早く会計ができるのかを考えるとき、すべてのレジを10回ずつ試して平均時間を調べるのがA/Bテストの考え方です。この場合、もっとも早いレジが見つかりますが、遅いレジにも何度も並ばないといけません。

一方で、早く会計できたレジを多く使うのがバンディットアルゴリズムです。遅いレジで待たされる回数を減らせるため効率的ですが、場合によっては「より早いレジがある」ことに気づかない可能性があります。

一長一短なので、目的に合わせて使い分けるとよいでしょう。

※1　ECサイトでの商品購入や、SNSでの会員登録、企業サイトでの問い合わせなど、利用者に求めるアクションが実施された割合のこと。

図6-29　A/Bテスト

どちらがたくさん売れるか？

パターンB

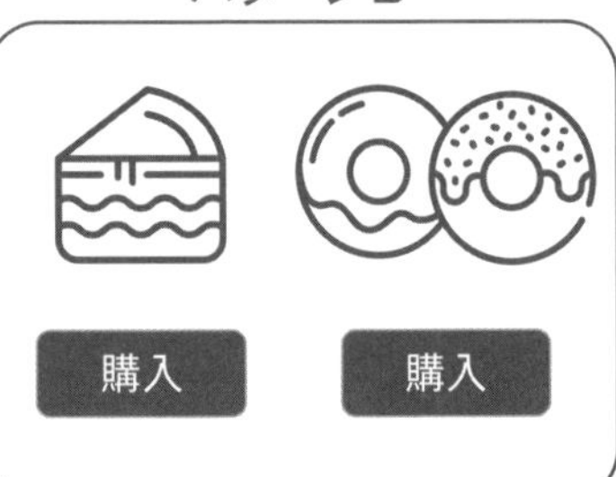

図6-30　バンディットアルゴリズム

集計するまではそれぞれを試し、集計結果から行動を選ぶ

A/Bテスト

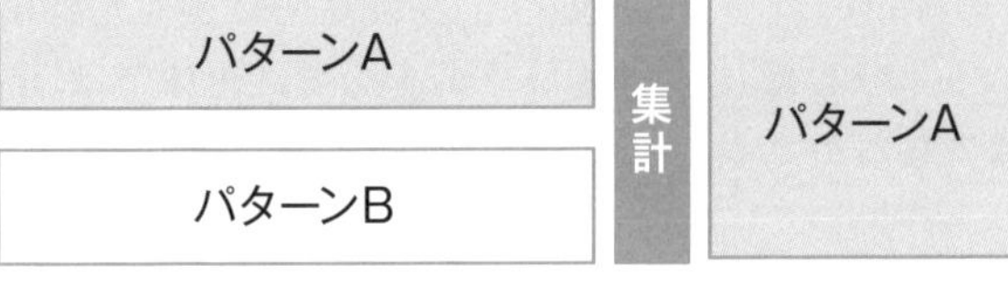

時間

バンディット アルゴリズム

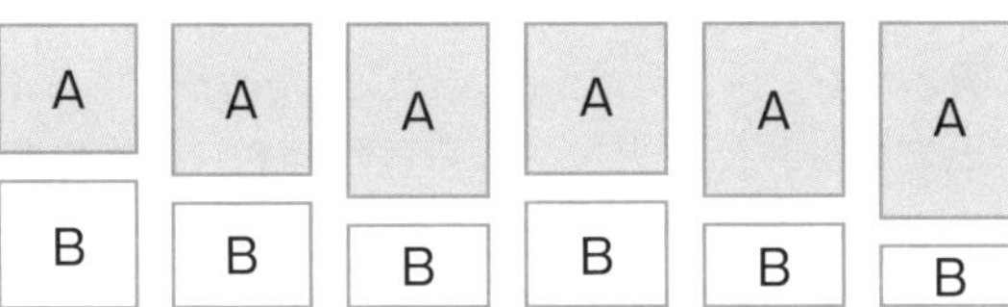

リアルタイムに集計しながら行動を確率的に選ぶ

Point

- 複数の案を公開して運用し、その結果を使って判断する手法としてA/Bテストがある
- よい結果が得られているものを確率的に多く選択し、得られる報酬が最大になるように調整する手法としてバンディットアルゴリズムがある

すべての都市を訪問するコストを最小化

最短の移動距離を求める

入力のサイズが大きくなると膨大な処理時間が必要になるアルゴリズムの例として、巡回セールスマン問題が知られています。これは、n個の都市があり、それぞれの都市間の距離がわかっているときに、**すべての都市を訪れて最初の都市に戻るまでの最短の移動距離を求める**問題です。

例えば、A, B, C, Dという4つの都市があり、その間の距離が図6-31のように定められていたとします。この場合、A→B→C→D→Aと移動すると、その移動距離は31です。一方、A→C→B→D→Aと移動すると、その移動距離は28となり、最短になります。

上記の例のように、都市が4つ程度であれば手作業でもすべて調べられますが、都市の数が増えるとその経路は膨大になります。都市がn個あると、1つ目の都市の選び方がn通り、次は最初に選んだ都市を除いたn-1通り、というように順に減っていきますので、全体では$O(n!)$という処理時間が必要になるのです。

順序を守りながら最短のスケジュールを求める

似たような例として、スケジューリング問題があります。その中で、病院で働く看護師などの勤務配置を、決められた制約（資格の有無、公平性など）を満たすように作成するものをナーススケジューリング問題といいます。また、順序関係のある仕事を複数の機械や人員配置によって、どのような順番で進めれば全体の時間を最短にできるのかを考える問題として、図6-32のようなジョブショップ・スケジューリング問題や、フローショップ・スケジューリング問題などがあります。

これらも、数が少ない場合は手作業でも解けますが、多くなると一気に調べる数が増えてしまいます。膨大な計算が必要なことから、巡回セールスマン問題と同様に、解くのが難しい問題として知られています。

図6-31 巡回セールスマン問題

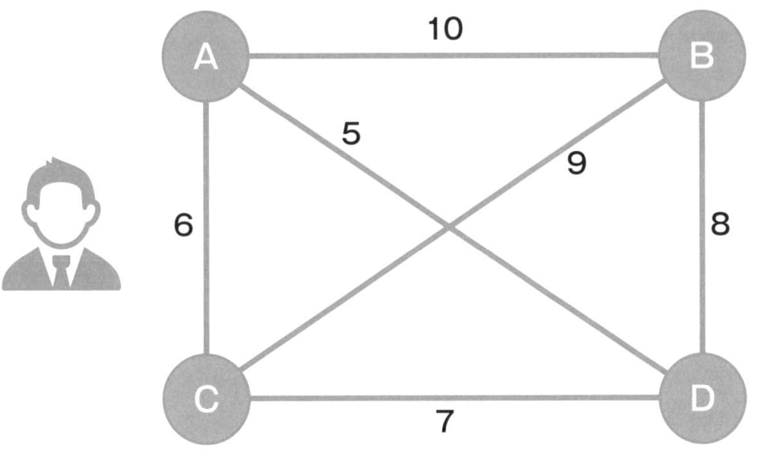

図6-32 ジョブショップ・スケジューリング問題

ジョブ	機械（処理時間）		
J_1	M_2 (5)	M_1 (4)	M_3 (4)
J_2	M_1 (2)	M_3 (5)	M_2 (3)
J_3	M_2 (3)	M_3 (2)	M_1 (5)

処理順序

順番を保ったまま、すべてのジョブを実行するとき、全体の時間を最短にする

<table>
<tr><th>機械</th><th>1</th><th>2</th><th>3</th><th>4</th><th>5</th><th>6</th><th>7</th><th>8</th><th>9</th><th>10</th><th>11</th><th>12</th><th>13</th><th>14</th><th>15</th></tr>
<tr><td>M_1</td><td colspan="2">J_2</td><td colspan="3"></td><td colspan="4">J_1</td><td colspan="6">J_3</td></tr>
<tr><td>M_2</td><td colspan="5">J_1</td><td colspan="3">J_3</td><td colspan="3">J_2</td><td colspan="4"></td></tr>
<tr><td>M_3</td><td colspan="2"></td><td colspan="5">J_2</td><td></td><td colspan="2">J_3</td><td colspan="4">J_1</td><td></td></tr>
</table>

Point

- すべての都市を訪れて最初の都市に戻るまでの最短の移動距離を求める問題として巡回セールスマン問題がある
- 巡回セールスマン問題と同様に、数が増えると解くのが難しい問題としてスケジューリング問題がある

詰める商品の価値を最大化

価値の最大化は難しい

入力の数が増えると計算時間が急速に長くなる例として、ナップサック問題がよく取り上げられます。これは、**重さと価値が指定された品物を、その重さが指定された重量以下になるように選んでナップサックに入れたとき、その品物の価値を最大にする**問題です。

例えば、図6-33のような5つの品物がある場合を考えます。ナップサックに入れられる重さの上限が15 kgのとき、品物の合計金額が最大になるものを考えてみましょう。大きなものから選んでみると、DとEの場合は14 kgなので条件を満たし、このときの金額は800円です。しかし、B, C, Dの3つを選ぶと同じ14 kgですが金額は1100円となり、こちらの方が大きくなります。

A, C, Eの3つを選ぶと15 kgの条件を満たしつつ合計金額は1500円、Cを3つ選ぶと1800円、Aを7つ選ぶと2800円です（図6-34）。

1つずつしか選べない場合

上記の例で、それぞれの品物は1つずつしか選べないものとすると、もう少し簡単になります。上記のような5つ程度を処理するだけであれば簡単で、Aを入れるかどうか、Bを入れるかどうか、というようにn個の品物があると2^n通りのチェックが必要になります。これは、$O(2^n)$のアルゴリズムです。このように品物が1つずつしか選べない問題を0-1ナップサック問題といい、より効率的なアルゴリズムがいくつか知られています。

上記の場合は、A, C, Eの3つを選んだときが最大で、15kgの条件を満たしつつ合計金額は1500円となります（図6-35）。

多項式時間で処理できれば、最近のコンピュータではある程度の規模までは解けるのですが、$O(2^n)$などの指数関数時間アルゴリズムの場合は、nが少し大きくなるだけで処理時間が大幅に増加するため注意が必要です。

図6-33 ナップサック問題の例

品物	A	B	C	D	E
重さ	2 kg	3 kg	5 kg	6 kg	8 kg
価格	400円	200円	600円	300円	500円

図6-34 ナップサック問題の回答の例

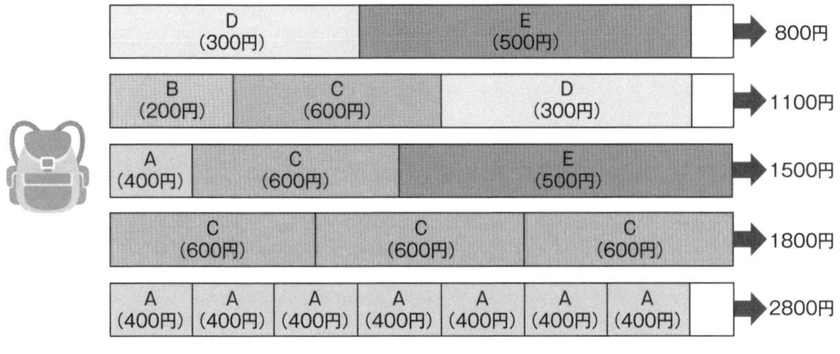

図6-35 0-1ナップサック問題の回答の例

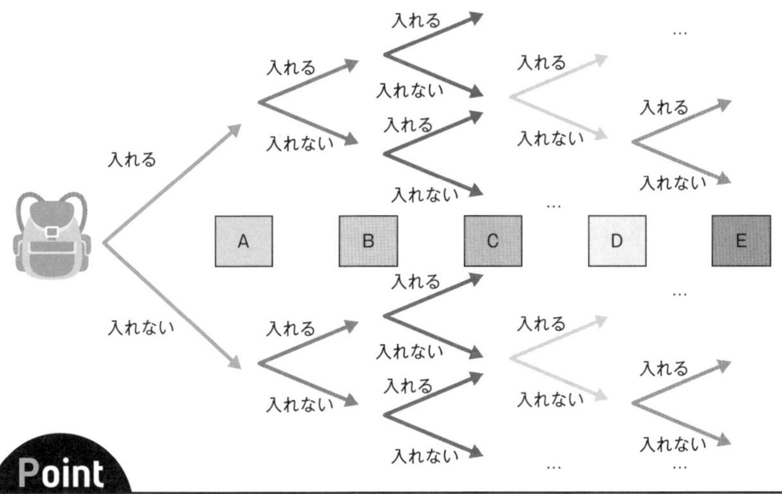

Point

- 指定された重量以下の品物をナップサックに入れたときに、その価値を最大にする問題をナップサック問題という
- 品物が1つずつしか選べない問題を0-1ナップサック問題という

解けないアルゴリズム

もっとも単純なコンピュータ

ある問題をコンピュータで解くことを考えるとき、それが特定の機器やプログラミング言語でしか実行できないということは基本的にありません。「コンピュータで問題が解けるか」ということは「数学的なアルゴリズムをコンピュータで実現できるか」という視点で考えられます。

そこで、**コンピュータの動作を単純化し、どのような計算も実行できるモデル**を考えます。これを**チューリングマシン**といい、問題を解くアルゴリズムが存在することは、チューリングマシンが解を計算して停止することを意味します。

チューリングマシンとして、図6-36のようなテープがマス目で区切られているものを考えます。このテープの上をヘッドが1マスずつ前後に動き、テープ上の値を読み取ったり書き込んだりして処理を進めます。とてもシンプルな構造ですが、これだけでコンピュータのアルゴリズムを実現できるのです。

停止の判別をするプログラム

プログラムを作成していると、条件の指定に誤りがある場合など、無限ループが発生してしまうことがあります。この場合、強制的にプログラムを終了しないと停止しません。

このようなプログラムを作ってしまわないために、事前にそのプログラムが無限ループしないかを判断できると便利です。このように、「あるプログラムが停止するか、停止しないかを判別する」プログラムを作ることができるのかを考えたものが**停止性問題**です（図6-37）。

実際には、**任意のプログラムが停止する（無限ループしない）ことを判定するようなプログラムは計算可能でない、つまりそのようなアルゴリズムは存在しない、ということが示されています**。そして、チューリングマシンがその証明に使われています。

図6-36 **チューリングマシン**

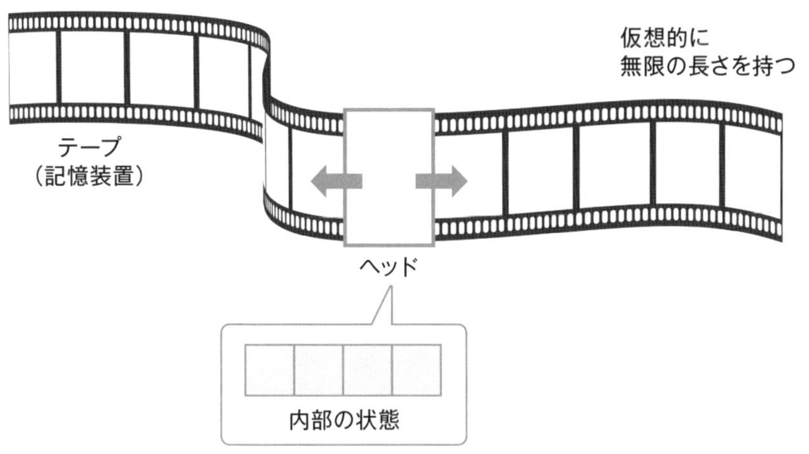

図6-37 **停止性問題**

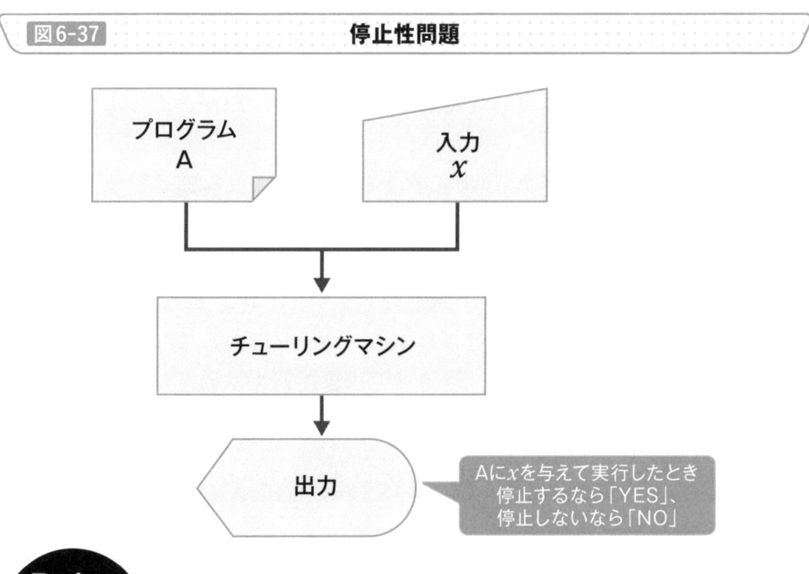

Point

- コンピュータの動作を単純化したモデルとしてチューリングマシンがある
- あるプログラムが停止するか、停止しないかを判別するプログラムを作ることができるかを考えた問題として、停止性問題がある

解けたら100万ドル？ 超難解問題

PとNPは等しいのか？

ある問題を解くアルゴリズムを考えたとき、**多項式時間で解けるアルゴリズムが見つかっている問題の集まり**のことをクラスPといいます。言い換えれば、最悪時間計算量が$O(n)$や$O(n^2)$、$O(n^3)$といったアルゴリズムが存在するものです。これはnがある程度大きくなるとそれなりに時間がかかりますが、現実に解ける問題です（図6-38）。

一方で、巡回セールスマン問題のような問題では、$O(n!)$より効率的なアルゴリズムはいくつか知られていますが、十分高速に求められる（多項式時間で解けるような）アルゴリズムは見つかっていません。ただし、答えを教えてもらえば、それが問題の条件を満たすかは多項式時間で判定できます。このように、**理論的には解ける（正しいかどうかは多項式時間で判定できる）けれど、現実的な時間では解けない**問題がいくつも存在している問題の集まりをクラスNPといいます。

一般に、クラスPはクラスNPに含まれることは知られていますが、クラスPとクラスNPが等しいのかはわかっていません。クラスPとクラスNPが等しくないという予想はP≠NP予想と呼ばれています。これは数学における極めて重要な未解決問題の1つで、ミレニアム懸賞問題[※2]に選ばれています。多くの数学者がP=NP、P≠NPの両方について証明といわれるものを出していますが、現時点ではまだ答えは出ていません。

NP困難とNP完全

クラスNPの任意の問題と比べて、同等以上に難しい問題をNP困難といいます。そして、NP困難でかつクラスNPに入るような問題をNP完全といいます（図6-39）。

巡回セールスマン問題やナップサック問題、ジョブショップ・スケジューリング問題などはNP困難問題に属するとされています。

※2　アメリカのクレイ数学研究所が発表した数学の7つの未解決問題のこと。解決すると、100万ドルの賞金が贈られる。2021年10月現在で、解かれたのは1問のみ。

図6-38 **多項式時間**

n	$\log_2 n$	n^2	n^3	2^n	$n!$
5	2.3	25	125	32	120
10	3.3	100	1,000	1,024	3,628,800
15	3.9	225	3,375	32,768	1,307,674,368,000 $=1.3\times10^{12}$
20	4.3	400	8,000	1,048,576	2.4×10^{18}
25	4.6	625	15,625	33,554,432	1.6×10^{25}

図6-39 **P、NP、NP完全、NP困難の関係**

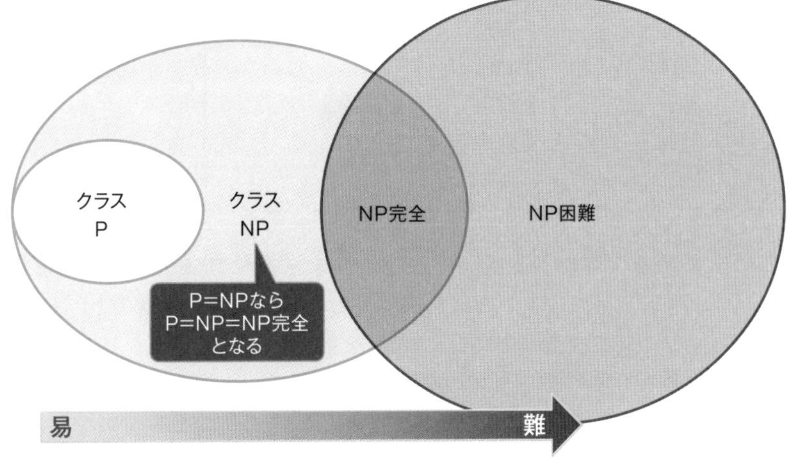

Point

- 多項式時間で解けるアルゴリズムが見つかっている問題の集まりをクラスP、理論的には解けるが現実的な時間では解けない問題の集まりをクラスNPという
- クラスPとクラスNPが等しいかどうかはわかっていないが、等しくないという予想があり、P≠NP予想と呼ばれている

やってみよう

「恵方巻きの方角」を計算で求めてみよう

最近では関西だけでなく関東でも節分に恵方巻きを食べる習慣が広がってきました。そして、毎年気になるのが「今年はどの方角（恵方）を向いて食べるのだろう？」ということです。

「南南東」といわれるように、細かな方角がたくさんあるのかと思いきや、その方角は次の表にある5つ（実際には4方向）だけです。そして、西暦によってその方角が決まっています。

西暦下１桁	恵方
0,5	西南西
1,6	南南東
2,7	北北西
3,8	南南東
4,9	東北東

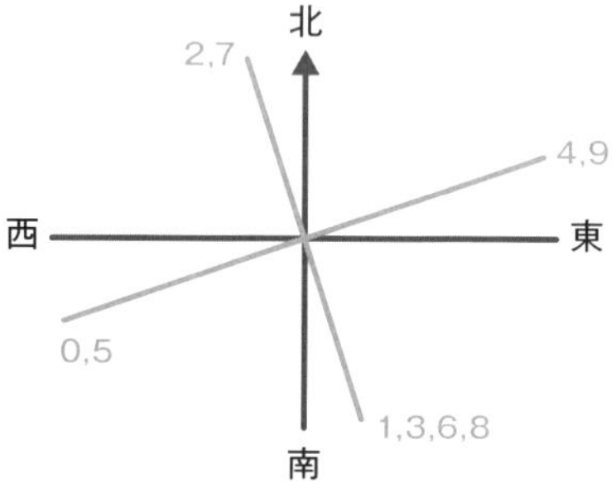

これを求めるプログラムを書くには、さまざまな方法が考えられます。まずは下1桁の求め方です。西暦を文字列として考えて、右端の1文字を取り出す、という方法もありますし、西暦を数値として考えて、10で割ったあまりを求める方法もあります。

次に、その1桁を使って振り分けるときにも、10個の条件分岐を書くプログラムを作成する方法もありますが、次のように配列を作成し、西暦を5で割ったあまりで考える方法があります。どうすればプログラムをシンプルに書けるのか、といった方法についても考えてみてください。

```
year = 2021            # 年をセット
ehou = ["西南西", "南南東", "北北西", "南南東", "東北東"]
print(ehou[year % 5])  # セットした年に対応する恵方を出力
```

用語集

［ ※「➡」の後ろの数字は関連する本文の節 ］

A～Z

A* （➡4-13）
最短経路問題をグラフで表現して解くときに、経験的に無駄だとわかっている経路への探索をできるだけ避けることで高速に求める手法。

A/Bテスト （➡6-14）
複数のデザイン案などを比較するときに、実際に公開した際のコンバージョン率などの数値から結果がよいものを採用する手法。

BM法 （➡4-16）
文字列の検索において、後ろから順に比較して不一致となったときに、事前に用意した表に基づいた文字数だけずらすことで効率よく調べる手法。

B木 （➡2-18）
節点に複数の値を格納し、その値によって子節点を探索できる平衡木のデータ構造。改良したものとして、B+木やB*木などがある。

B+木 （➡2-18）
B木の改良版のデータ構造。データが葉のみに格納されており、葉と葉を結ぶポインタがあることで、データだけをたどることもできる。

B*木 （➡2-18）
B木の改良版のデータ構造。B木では葉の要素の半分(1/2)までしか埋まらないが、これを2/3まで埋めるように工夫して分割することで効率よく管理できる。

CNN （➡5-10）
画像をピクセル単位に処理するのではなく、ピクセルの周囲の特徴などを使って学習するディープラーニングの手法。

Diffie-Hellman鍵交換 （➡6-9）
共通鍵暗号の鍵を相手と共有するために、鍵を作り出すための値を共有し、その値を使ってそれぞれが計算して鍵を生成する手法。

FIFO （➡2-21）
First In First Outの略。最初に格納したデータを最初に取り出す、という意味で、キューのようなデータ構造を指す。

GAN （➡5-11）
与えられたデータの特徴を学習によって獲得することで、新たなものを生成する手法。実在しない人の顔写真の画像などを生成できる。

KMP法 （➡4-15）
文字列の検索において、前から順に比較して不一致となったときに、テキストに存在しない文字を一気にずらすことで効率よく調べる手法。

k-平均法 （➡5-18）
複数のグループに分けるとき、それぞれの重心を計算し、その重心に近いデータを集めて再度重心を計算する、ということを繰り返してクラスタリングする手法。

LFU （➡2-22）
Least Frequently Usedの略。メモリの中にあるデータのうち、利用された回数がもっとも少ないものを取り出して退避する手法。

LIFO （➡2-20）
Last In First Outの略。最後に格納したデータを最初に取り出す、という意味で、スタックのようなデータ構造を指す。

LRU （➡2-22）
Least Recentrly Usedの略。メモリの中にあるデータのうち、最近使われていないものを取り出して退避する手法。

RankBrain （➡6-13）
検索エンジンに入力されたキーワードの意味を理解し、その意味にマッチしたコンテンツを表示する手法。

ReLU関数 （➡5-10）
入力が正の値のときは入力と同じ値を、負の値のときは0を出力する活性化関数の1つ。誤差逆伝播法における勾配消失問題を軽減できる特徴がある。

RNN （➡5-10）
時間経過とともに変化する時系列データに対応したディープラーニングの手法。機械翻訳や音声認識などにおいて注目されている。

※ROC曲線 （➡5-2）
機械学習などで予測結果を評価するとき、偽陽性率と真陽性率をグラフとしてプロットしたときにできる曲線のこと。

ROT13 （➡6-7）
アルファベットの順番で13文字ずらして暗号化する手法。アルファベットは26文字なので、暗号化の処理をもう1度実行すると復号できる。

RSA暗号 （➡6-10）
大きな数の素因数分解が難しいことを利用した公開鍵暗号のアルゴリズム。

あ行

誤り訂正符号 （➡6-4）
ネットワーク経由での転送において、途中でノイズなどが入って一部のデータで0と1が反転した場合に、その誤りを自動的に訂正できるようにする符号化方法。

アルゴリズム （➡1-1）
処理の手順や計算方法のこと。同じ問題で同じ結果が得られる手順や計算方法は複数考えられるが、高速に処理できる、メモリ使用量が少ない、といったアルゴリズムが良いと考えられる。

アルファベータ法 （➡4-14）
人とコンピュータの対戦ゲームなどにおいて、明らかに相手がとらない行動などを除外し、探索を打ち切ることで効率よく探索する手法。

暗号化 （➡6-6）
元の情報が他の人に知られないようにデータを変換する

こと。他の人が容易に元の情報を推測できないように、複雑な変換が必要である。

アンサンブル学習 (➡5-6)
複数の機械学習モデルを使って、多数決などによってよりよいモデルを構築する方法。

※安定結婚問題 (➡6-16)
男女をマッチングするときに、それぞれの希望順に応じてペアを決める問題。互いの希望順に沿わないペアになることを不安定（ペアが解消する）という。

安定ソート (➡3-2)
データをソートしたときに、同じ値を持つデータについては、ソート前の順序がソート後も保持されているようにソートすること。

行きがけ順 (➡4-8)
木構造を深さ優先探索で探索するとき、子を処理する前にその節点を処理すること。先行順ともいう。

遺伝的アルゴリズム (➡5-14)
生物の進化を模倣した確率的な探索手法で、環境に適応したものや強いものほど生き残る、という自然界のメカニズムをモデル化した手法。

枝刈り (➡4-7)
木構造を探索するとき、一定の基準を満たしたときに探索を打ち切ること。早い段階で打ち切ることで、探索の処理時間を短くできる。

エッジ検出 (➡5-12)
画像の中で明るさなどが急に変化する場所を強調し、物体を抽出する手法。

エラトステネスのふるい (➡1-10)
効率よく素数を求めるアルゴリズム。小さな数から順にその倍数を除外することを繰り返すことで、高速に素数の一覧を求められる方法として知られている。

※エルガマル暗号 (➡6-9)
離散対数問題という数学の問題を利用した公開鍵暗号のアルゴリズム。Diffie-Hellman鍵交換の暗号への応用である。

オーダー (➡1-4)
複数のアルゴリズムを比較するときに、全体の処理時間の増え方に着目した場合、大まかに判断するために定数倍程度の部分を無視して記述する方法。

オートエンコーダ (➡5-3)
ニューラルネットワークなどにおいて、入力データを出力データとしても使い、より少ない情報で入力データを再現するようなモデルを作る手法。

※オペレーションズリサーチ（OR） (➡1-13・6-1)
さまざまな状況において、発生する問題に対して最適な行動を考え、検証するための数学的なモデル。

か行

回帰分析 (➡5-8)
複数の変数間の関係を調べるとき、ある変数から他の変数の傾向を予測する計算式を求める方法。

外部ソート (➡3-2)
配列などに格納されているデータをソートするとき、外部のメモリ領域などを使用する手法。

帰りがけ順 (➡4-8)
木構造を深さ優先探索で探索するとき、子を処理した後でその節点を処理すること。後行順ともいう。

過学習 (➡5-2)
訓練データとして与えられたデータに特化したモデルができてしまい、他の検証データに対しては正解率が低くなってしまう状況。

確率的勾配降下法 (➡5-17)
関数の最小値を求めるときに、初期値を乱数で選ぶことで、複雑な関数で局所解に陥る可能性を減らす手法。

環状リスト (➡2-14)
連結リストや双方向リストにおいて、最後の要素の次として先頭の要素につなげるデータ構造。

危殆化 (➡6-11)
コンピュータの性能向上や秘密鍵の漏洩などによって暗号が安全とは言えない状態になること。アルゴリズムの変更や鍵長の変更、パスワードの再設定などが必要となる。

キュー (➡2-21)
最初に格納したデータを最初に取り出すデータ構造。配列などを使って実装され、幅優先探索などでよく使われる。

教師あり学習 (➡5-2)
正解となるデータ（教師データ）を与え、その内容に近い結果が得られるようにルールを学習する機械学習の手法。

強化学習 (➡5-4)
人間にも正解がわからないようなデータに対し、コンピュータが試行錯誤した結果、良い結果が得られた場合は高い報酬を与えることで、報酬ができるだけ大きくなるように学習する機械学習の手法。

教師なし学習 (➡5-3)
正解となるデータ（教師データ）が存在しない状態で、与えられたデータの特徴や共通点を見つけ出してルールを作り出す機械学習の手法。

共通鍵暗号 (➡6-8)
暗号化と復号に同じ1つの鍵を使う暗号化方法。

クイックソート (➡3-10)
配列の中から基準値よりも小さいものと大きいものを分ける作業を繰り返すことで並べ替える手法。実用上は高速であることが知られている。

クラスNP (➡6-18)
理論的には解ける問題で、得られた結果が正しいかどうかは多項式時間で判定できる。非決定性チューリングマシンでは多項式時間で解ける問題。

クラスP (➡6-18)
多項式時間で解けるアルゴリズムが見つかっている問題のこと。ある程度の入力のサイズまでであれば、現実的に解ける問題であるとされる。

クラスタリング (➡5-3)
与えられたデータから似たものを集め、いくつかのグループに分ける手法。

計算量 (➡1-4)
アルゴリズムの処理効率や問題の難しさを、実行環境やプログラミング言語に関係なく比較するために使われる指標。

※ゲーム理論 (➡5-4)
複数の人が参加している状態で、相手の行動によって自分の利益が変わるとき、各自の行動の最適な戦略を考える理論。

決定木 (➡5-5)
機械学習のモデルを木構造で表現したときに、その分岐に使う条件を学習させる手法。できるだけ小さいサイズの木構造で綺麗に分割できるものを作り出す。

公開鍵暗号 (➡6-10)
公開鍵と秘密鍵という1対の鍵を使って、暗号化と復号で異なる鍵を使う暗号化方法。

構造化データ (➡1-2)
データの項目が定義されており、その定義に合わせて整形されているデータのこと。コンピュータで処理しやすい。

勾配降下法 (➡5-17)
関数の最小値を求める場合などに、接戦の傾きを使って少しずつ最小値の方向に移動させる手法。

誤差逆伝播法 (➡5-9)
ニューラルネットワークにおいて、出力層から入力層の方向に向けて、通常とは逆向きに誤差を伝えることで重みを調整する手法。

さ行

再帰 (➡4-7)
ある関数の中から、自身の関数を呼び出すような実装方法のこと。木構造を辿るようなプログラムをシンプルに実装できることが多い。

最小二乗法 (➡5-8)
回帰分析において、データと回帰式との誤差ができるだけ少なくなるように、それぞれのデータと回帰式との誤差の2乗の和を最小にする方法。

最短経路問題 (➡4-11)
乗り換え案内や地図などで、目的地までの複数の経路の中から、もっとも効率のよい経路を求める問題。

サポートベクターマシン (➡5-7)
データを複数のグループに分けるときの境界線として、それぞれのデータからの距離を最大にするものを選ぶ手法。

シーザー暗号 (➡6-7)
アルファベットの順番で一定の数だけ文字をずらして暗号化する手法。逆方向にずらすことで復号できる。

シグモイド関数 (➡5-8・5-10)
滑らかな曲線で任意のx座標を0から1の範囲に変換できる関数。ロジスティック回帰分析やニューラルネットワークの活性化関数としてよく使われる。

自己組織化マップ (➡5-16)
保持しているデータの中から、入力された値に近いものの周囲を強く学習させることで、似たようなデータを集める手法。多次元のデータを少ない次元で表現することに向いている。

しゃくとり法 (➡4-10)
連続する区間内で、条件を満たすような範囲を調べるときに、左端を縮めたり、右端を広げたりして探索する手法。

※充足可能性問題 (➡6-18)
命題論理式が与えられたときに、その式に含まれる変数として真と偽のいずれかをうまく設定し、全体を真にする問題。

主成分分析 (➡5-19)
複数の次元のデータの中から、分散が大きい軸を選択し、その軸でデータを捉えることで、少ない次元でデータの特徴を把握する手法。

巡回セールスマン問題 (➡6-15)
与えられたすべての都市を訪れて、最初の都市に戻るまでの最短の移動経路を求める問題。与えられる都市の数が増えると、そのパターンが膨大になることで知られている。

情報利得 (➡5-5)
決定木の分岐による不純度の違いを判断するための指標となる値。分岐によって綺麗に振り分けられれば情報利得が大きくなる。

スキップリスト (➡3-12)
連結リストなどでは先頭から順に辿る必要があるが、途中を読み飛ばすことで効率よく探索できるデータ構造のこと。

スケジューリング問題 (➡6-15)
決められた条件を満たすように、人員配置や作業手順を自動的に求める問題。ナーススケジューリング問題やジョブショップスケジューリング問題などがある。

スタック (➡2-20)
最後に格納したデータを最初に取り出すデータ構造。配列などを使って実装され、深さ優先探索などでよく使われる。

ステップ関数 (➡5-10)
入力が正の値のときは1を、負の値のときは0を出力する活性化関数の1つ。単純な関数のため、高速に計算できるメリットがある。

正規表現 (➡4-17)
文字列から特定のパターンに一致する複数の文字列を探索するときに、1つの形式で指定できる表記法。似たような文字列を検索するときに、何度も検索文字列を変える必要がなくなる。

線形探索 (➡4-3)
配列などのデータを前から順に調べ、欲しい値が見つかるまで探索する手法。データ量が多い場合は処理に時間がかかるが、実装は容易。

※線形計画法 (➡5-14)
いくつかの不等式を満たす条件で、他の関数の最大値や最小値を求める手法。

選択ソート (➡3-3)
配列の要素を昇順に並べ替えるとき、配列の中からもっとも小さい要素を探して、それを先頭に移動する操作を繰り返して並べ替える手法。

挿入ソート (➡3-4)
すでにソートされている配列に新しい要素を追加するとき、大小関係が崩れないようにデータを追加する方法を使って、既存の配列を並べ替える手法。

双方向リスト (➡2-14)
連結リストで、次のデータの場所だけでなく前のデータの場所も持つデータ構造。先頭から順にたどれるだけでなく、逆方向にもたどれる。

双方向探索 (➡4-9)
迷路でのスタートとゴールなど、どちらからも探索できるとき、双方からスタートして出会うまでを調べる手法。一方向から調べるよりも高速に処理できる場合がある。

ソフトマージン (➡5-7)
複数のグループに分けるとき、すべてのデータを完全に分離できなくても、多少の誤りは許す手法。シンプルなモデルができ、過学習を防ぎやすい。

※ソフトマックス関数 (➡5-10)
出力が複数あるとき、その合計を1として、それぞれの出

力の占める割合を返す関数。0から1の範囲となるため、確率として使える。

た行

ダイクストラ法 (➡4-12)
最短経路問題をグラフで表現して解くときに、節点に接続している節点に注目し、コストがもっとも小さくなるものを選択する手法。

楕円曲線暗号 (➡6-11)
楕円曲線における有理点の加算を利用した公開鍵暗号のアルゴリズム。RSA暗号よりも短い鍵長で同等の安全性があると言われる。

チェックデジット (➡6-4)
手入力での入力ミスやバーコード読み取りでのゴミや汚れなどを検出するために、チェック用として付加されるデータのこと。1桁の誤りであれば検出できる。

チューリングマシン (➡6-17)
コンピュータの動作を単純化した数学的なモデル。アルゴリズムで解を求められるかの判定に使われる。

ディープフェイク (➡5-11)
過去の写真や動画、音声などをAIが読み込んで偽の写真や動画などを作り出すことで、本人が知らないところでその人になりすましたものを作り出せる手法。

ディープラーニング (➡5-10)
ニューラルネットワークの階層を深くし、複雑な処理を表現することで、より難しい問題を解けるようにした考え方。

停止性問題 (➡6-17)
「あるプログラムが停止するか、停止しないか」を判別するプログラムを作ることができるかを考えた問題。

動的計画法 (➡6-1)
解きたい問題を小さい問題に分割してそれぞれの答えを求め、その答えを使って全体の答えを導き出す手法。

通りがけ順 (➡4-8)
木構造を深さ優先探索で探索するとき、左側の子を処理した後でその節点を処理し、その後で右側の子を処理すること。中間順ともいう。

※貪欲法 (➡4-10)
先のことは考えずに、現在の状態での最適な答えを選択する方法。いつも最適な答えが得られるとは限らないが、単純な問題であれば正解が得られることも多い。

な行

内部ソート (➡3-2)
配列などに格納されているデータをソートするとき、その配列の要素を交換することなど外部のメモリ領域をあまり使用しない手法。

ナップサック問題 (➡6-16)
重さと価値が指定された品物を、その重さが指定された重量以下になるという条件でナップサックに入れたとき、その品物の価値を最大にする問題。

二分探索 (➡4-4)
配列などに格納されているデータを半分に分けながら探索する手法。データが昇順などにソートされている必要はあるが、高速に探索できる。

ニュートン法 (➡5-17)
方程式の解の近似値を高速に求める手法。

ニューラルネットワーク (➡5-9)
脳を模倣した構造で、入力層から出力層までつながっている神経細胞（ニューロン）を通して信号を伝えて計算し、よい結果が得られるように学習する手法。

は行

ハードマージン (➡5-7)
複数のグループに完全に分けられることを前提としてマージンを設定する手法。データにノイズなどがあったり、明確に分けられない場合、過学習しやすい。

配列 (➡2-7)
同じ型のデータをまとめて扱えるデータ構造。メモリ上に連続して並んでおり、要素番号を指定することで任意の要素にアクセスできる。

バギング (➡5-6)
与えられたデータを並列で処理してモデルを作成し、多数決する手法。

バックトラック (➡4-6)
深さ優先探索などにおいて、それ以上進めなくなったときに探索を打ち切ること。分岐があったときに戻って他の方向に進むことを指す。

ハノイの塔 (➡1-12)
3つの場所の間で円盤を移動するパズルで、規則性を考える例としてよく使われる。

幅優先探索 (➡4-5)
木構造を探索するとき、根に近いところから順に調べる手法。調べている経過をキューなどに格納しながら探索を進める実装がよく使われる。

ハフマン符号 (➡6-3)
よく出現する値に対して長いビット列を使い、あまり出現しない値に対して短いビット列を割り当てることで圧縮できる手法。

バブルソート (➡3-5)
配列で隣り合う要素の大小関係を比較して、交換することを繰り返して並べ替える手法。

ハミング符号 (➡6-5)
1ビットの誤りであれば訂正でき、2ビットの誤りを検出できる誤り訂正符号。

パリティ符号 (➡6-4)
ネットワーク経由での転送において、途中でノイズなどが入って一部のデータで0と1が反転した場合に検出できるように付加されるデータのこと。1桁の誤りであれば検出できる。

バンディットアルゴリズム (➡6-14)
複数の選択肢からよりよいものを限られた時間の中で選ぶとき、リアルタイムに集計しながら確率的に選ぶことで得られる結果が最大になるように調整する手法。

※番兵 (➡4-3)
最後まで探索したかを判断するために、配列や連結リストの最後の要素として設定しておく値のこと。

ヒープ (➡2-16)
木構造で、子節点の値が親節点の値よりも常に大きいか等しい、といった制約があるデータ構造。

ヒープソート (➡3-8)
ヒープというデータ構造でデータを格納することで、順に取り出すことで並べ替える手法。

※非決定性チューリングマシン (➡6-17)
チューリングマシンはある入力に対して、どのような動作をするかが決まっているが、ある入力に対して複数の

動作を同時に取れる計算機のこと。

非構造化データ （➡1-2）
日記などの文章や音声、動画など人間が見るときは問題ないが、必要な項目だけをコンピュータで取り出すことは難しいデータのこと。

微分フィルタ （➡5-12）
画像の中でのピクセル間の変化を調べるために、その変化の度合いを調べるためのフィルタ。

ヒューリスティック （➡5-13）
経験や勘を使って、ある程度正解に近い値を短時間で得る手法。すべてを調べることが困難な場合でも、効率よく問題を解ける可能性がある。

フィボナッチ数列 （➡6-1）
直前の2つの項の和で次の項が得られる数列。自然界でよく見られ、隣り合う数字の比が黄金比に近づくことからデザインでもよく使われる。

ブースティング （➡5-6）
与えられたデータについて、他のモデルでの処理結果も使って調整する手法。並列での処理はできないが、高い精度が得られることが多い。

深さ優先探索 （➡4-6）
木構造を探索するとき、進めるだけ進み、それ以上進めなくなったら処理を打ち切って戻り、次を探索する手法。調べている経過をスタックなどに格納しながら探索する実装がよく使われる。

復号 （➡6-6）
暗号化されたデータから元の情報に戻すこと。一般的には正規の手順で元に戻すことを指し、第三者が鍵を推測して試しながら元に戻す場合は解読という。

不純度 （➡5-5）
決定木において、1つの節点に複数の分類のデータが存在している場合、その割合を示す値のこと。綺麗に分割できていれば、不純度が小さくなる。

※フロイド・ワーシャル法 （➡4-12）
最短経路問題をグラフで表現して解くときに、すべての頂点の組み合わせで動的計画法を使って最短距離を確定させる手法。

平滑化 （➡5-12）
画像に含まれる点の周囲の情報を使って平均化することで、濃淡を滑らかにし、ノイズを軽減する手法。

ページランク （➡6-13）
多くのWebサイトからリンクされているようなページは重要だと考え、検索結果の上位に表示する手法。

ベルマン・フォード法 （➡4-11）
最短経路問題をグラフで表現して解くときに、辺の重みに注目し、コストの更新が行われなくなるまで繰り返す手法。

ポーランド記法 （➡4-8）
四則演算の記号を演算する数の前に書く記法。木構造で考えると、行きがけ順で処理していると考えられる。

ま行

マージソート （➡3-9）
2つの配列を統合するときに、昇順に並ぶようにそれぞれの配列から取り出すことで並べ替える手法。

マルチエージェント （➡5-4）
強化学習において、学習によって行動を決定するエージェントを複数用意し、それぞれが連携しながら学習する手法。

マンハッタン距離 （➡4-13）
2点間の距離を求めるとき、座標軸での値の差の絶対値を使った距離のこと。座標平面上では、どの経路でも同じ値となる。

ミニマックス法 （➡4-14）
人とコンピュータの対戦ゲームなどにおいて、相手が最善の行動（自分にとって不利な行動）をとると仮定し、こちらも最善の行動をとるように先読みする手法。

メモ化 （➡6-1）
関数を再帰的に実行して結果をメモし、同じ引数で関数が実行されたときには保存しておいたメモを返す動的計画法の手法。

モンテカルロ法 （➡1-13）
乱数を使ってシミュレーションするアルゴリズム。確率の値を求める場合など、試行回数を増やすことで、よい近似値が得られる。

や行

焼きなまし法 （➡5-15）
「金属の焼きなまし」をモデル化し、最初は広い範囲を探索し、ある程度探索が進んだ後は狭い範囲で精度の高い結果に収束させる手法。

ユークリッドの互除法 （➡1-11）
2つの自然数の最大公約数を高速に求めるアルゴリズム。割り算のあまりを求めることを繰り返すだけで最大公約数を求められる。

ユークリッド距離 （➡4-13）
2点間を直線で結んだ距離のこと。三平方の定理を用いて計算でき、2点間の最短距離となる。

ら行

ラプラシアンフィルタ （➡5-12）
2次微分を使用して、画像から輪郭や境界線を抽出するためのフィルタ。

乱択アルゴリズム （➡5-13）
乱数を使って処理を変える手法。データの順番などによって処理を変えることで、データの内容による偏りを軽減できる可能性がある。

ランダムフォレスト （➡5-6）
複数の決定木を使ってそれぞれ学習した結果について多数決を取る手法。単独の決定木よりも精度が高くなることが知られている。

ランレングス符号化 （➡6-3）
同じ値が連続して登場する場合、それを1つにまとめて表現することでデータ量を減らす手法。文字の場合はそれほど圧縮できないが、白黒の画像の場合は圧縮率が高くなる。

連結リスト （➡2-13）
データの内容だけでなく、次のデータの場所を示す値を持つデータ構造。リストの途中に要素を追加したり削除したりするときに必要な時間が配列より短いというメリットがある。

ロジスティック回帰分析 （➡5-8）
回帰分析において、予測結果を0から1の範囲の値を出力することで確率として考えられ、2つの値のどちらに入るのかを予測するために使う方法。

索引

著者プロフィール

増井 敏克（ますい・としかつ）

増井技術士事務所 代表
技術士（情報工学部門）
1979年奈良県生まれ。大阪府立大学大学院修了。テクニカルエンジニア（ネットワーク、情報セキュリティ）、その他情報処理技術者試験にも多数合格。また、ビジネス数学検定1級に合格し、公益財団法人日本数学検定協会認定トレーナーとして活動。「ビジネス」×「数学」×「IT」を組み合わせ、コンピュータを「正しく」「効率よく」使うためのスキルアップ支援や、各種ソフトウェアの開発を行っている。
著書に『IT用語図鑑』、『IT用語図鑑［エンジニア編］』、『プログラマ脳を鍛える数学パズル』、『もっとプログラマ脳を鍛える数学パズル』、『プログラマを育てる脳トレパズル』、『図解まるわかり セキュリティのしくみ』、『図解まるわかり プログラミングのしくみ』、『Pythonではじめるアルゴリズム入門』（以上、翔泳社）、『プログラミング言語図鑑』、『ITエンジニアがときめく自動化の魔法』、『プログラマのためのディープラーニングのしくみがわかる数学入門』（以上、ソシム）、『基礎からのプログラミングリテラシー』（技術評論社）、『Excelで学び直す数学』（C&R研究所）、『RとPythonで学ぶ統計学入門』（オーム社）などがある。

装丁・本文デザイン／相京 厚史（next door design）
カバーイラスト／越井 隆
本文イラスト／浜畠 かのう
DTP／佐々木 大介
　　　吉野 敦史（株式会社 アイズファクトリー）

図解まるわかり アルゴリズムのしくみ

2021年12月13日　初版第1刷発行

著者　増井 敏克
発行人　佐々木 幹夫
発行所　株式会社 翔泳社（https://www.shoeisha.co.jp）
印刷製本所　株式会社 加藤文明社印刷所

ISBN978-4-7981-7160-9　　Printed in Japan